中国地质大学（武汉）实验教学系列教材
中国地质大学（武汉）本科教学工程项目资助
中国地质大学（武汉）实验技术研究项目资助

地球物理测井资料处理解释及实践指导

DIQIU WULI CEJING ZILIAO CHULI JIESHI JI SHIJIAN ZHIDAO

马火林　骆　淼　赵培强　李　争　潘和平　编

中国地质大学出版社
ZHONGGUO DIZHI DAXUE CHUBANSHE

内容摘要

本书基于地球物理测井理论及原理的主要知识,结合测井资料处理与解释方面的知识体系和内容要求,以掌握测井资料处理与解释的知识和相关方法技术为目的,围绕测井数据特征及图件认识、测井资料预处理、储层测井参数计算及解释方法、储层测井评价及典型实例分析等方面进行知识阐述,重点围绕砂泥岩储层、碳酸盐岩储层、火山岩储层、页岩气储层、煤层气储层等从测井响应和储层识别开展评价分析,给出了测井资料处理与解释的实例分析。

本书适用于勘查技术与工程、地球物理学、资源勘查工程、石油工程等相关本科专业的测井资料处理与解释的理论教学和实践教学,同时也可供地球探测与信息技术、地质工程、石油与天然气工程等相关专业的研究生和相关工程技术人员学习、参考及培训使用。

图书在版编目(CIP)数据

地球物理测井资料处理解释及实践指导/马火林等编.—武汉:中国地质大学出版社,2019.11 (2024.1重印)

中国地质大学(武汉)实验教学系列教材

ISBN 978-7-5625-4622-1

Ⅰ.①地…

Ⅱ.①马…

Ⅲ.①测井-高等学校-教学参考资料

Ⅳ.①P631.8

中国版本图书馆 CIP 数据核字(2019)第 257509 号

地球物理测井资料处理解释及实践指导	马火林 骆淼 赵培强 李争 潘和平 编
责任编辑:王敏	责任校对:徐蕾蕾
出版发行:中国地质大学出版社(武汉市洪山区鲁磨路388号)	邮政编码:430074
电 话:(027)67883511 传 真:(027)67883580	E-mail:cbb@cug.edu.cn
经 销:全国新华书店	http://cugp.cug.edu.cn
开本:787毫米×1 092毫米 1/16	字数:220千字 印张:8.5
版次:2019年11月第1版	印次:2024年1月第2次印刷
印刷:湖北睿智印务有限公司	印数:501—1000册
ISBN 978-7-5625-4622-1	定价:29.50元

如有印装质量问题请与印刷厂联系调换

中国地质大学(武汉)实验教学系列教材

编委会名单

主　任：刘勇胜

副主任：徐四平　周建伟

编委会成员：（按姓氏笔画排序）

文国军　公衍生　孙自永　孙文沛　朱红涛

毕克成　刘　芳　刘良辉　肖建忠　陈　刚

吴　柯　杨　喆　吴元保　郝　亮　龚　健

童恒建　窦　斌　熊永华　潘　雄

选题策划：

毕克成　李国昌　张晓红　王凤林

前　言

地球物理测井是地球物理勘探中的重要方法技术之一，可以服务于深部资源的勘探与开发，特别是在油气勘探开发和复杂地下地质体的特征识别、精细定量评价和参数计算等方面，对能源勘探与开发起到了十分重要的作用。地球物理测井涉及测井方法理论和原理、测井仪器与数据采集、测井资料处理与解释等方面的知识体系和方法技术及应用，是一门实践性很强的学科，需要结合理论学习和实践应用才能真正理解并全面掌握各方法原理特征及其地质应用。

本书基于测井资料处理与解释部分的知识体系和内容，结合地球物理测井理论及原理主要知识，主要扩展了测井资料处理与解释的相关内容，以掌握测井资料处理与解释的知识和能力为目的，围绕测井数据特征及图件认识、测井资料预处理、储层测井参数计算及解释方法、储层测井评价及典型实例分析等方面进行知识阐述，重点分析了砂泥岩储层、碳酸盐岩储层、火山岩储层、页岩气储层、煤层气储层等测井响应和储层识别与评价，给出了测井资料处理与解释的实例分析。

本书的编写人员有马火林、骆淼、赵培强、李争（中国石油化工股份有限公司江汉油田分公司油田级专家）和潘和平等，第一章由马火林编写；第二章由骆淼、马火林编写；第三章由赵培强、李争编写；第四、五章由马火林、李争编写。全书由马火林统稿，潘和平审核。

本书的出版得到了中国地质大学（武汉）教务处、实验室与设备管理处以及地球物理与空间信息学院的大力支持，在此表示诚挚的谢意！感谢贵州省科学技术厅贵州省地质物探开发应用工程技术研究中心（黔科合〔2016〕平台人才 5401）项目以及贵州省地质调查院的大力支持。编写过程中参考和引用了相关文献以及成果和内容，在此谨向文献作者、专家、同仁表示衷心的感谢！

由于作者水平和认识有限，书中难免存在不足之处，敬请广大读者批评指正。

编者
2019 年 5 月

目 录

第一章 测井数据、测井图及相关术语 ………………………………………………… (1)

  第一节 测井数据及几种格式类型 ………………………………………………… (1)
    一、测井数据类型 ……………………………………………………………… (1)
    二、几种典型的数据格式 ……………………………………………………… (3)
  第二节 测井图件 …………………………………………………………………… (7)
  第三节 测井曲线或参数的符号代码 …………………………………………… (10)

第二章 测井资料预处理 …………………………………………………………… (15)

  第一节 深度校正 ………………………………………………………………… (15)
    一、电缆弹性伸缩校正 ……………………………………………………… (17)
    二、深度对齐 ………………………………………………………………… (17)
    三、测井曲线的压缩和伸展 ………………………………………………… (18)
    四、井斜的校正 ……………………………………………………………… (19)
    五、曲线拼接 ………………………………………………………………… (21)
  第二节 数据处理 ………………………………………………………………… (22)
    一、平滑滤波 ………………………………………………………………… (22)
    二、环境校正 ………………………………………………………………… (23)
    三、标准化 …………………………………………………………………… (30)
  第三节 测井曲线重构 …………………………………………………………… (32)
    一、加权系数法 ……………………………………………………………… (32)
    二、统计拟合法 ……………………………………………………………… (33)

第三章 储层测井参数计算及解释方法 …………………………………………… (35)

  第一节 地层岩性的测井识别 …………………………………………………… (35)
    一、岩性-孔隙度测井交会图 ………………………………………………… (38)
    二、$M-N$ 交会图 …………………………………………………………… (40)
    三、自然伽马能谱交会图 …………………………………………………… (42)

四、泥质含量的确定 …………………………………………………………… (44)

第二节　孔隙度的确定 ……………………………………………………………… (44)
　　一、岩石等效体积模型法 ……………………………………………………… (44)
　　二、中子-密度交会图确定泥质砂岩的孔隙度和泥质含量 ………………… (49)

第三节　油气层识别及饱和度评价 ………………………………………………… (50)
　　一、阿尔奇公式 ………………………………………………………………… (50)
　　二、储集层含油性的评价方法 ………………………………………………… (51)
　　三、天然气层识别方法 ………………………………………………………… (55)
　　四、泥质砂岩饱和度模型 ……………………………………………………… (58)
　　五、可动油分析 ………………………………………………………………… (61)

第四节　确定束缚水饱和度及地层绝对渗透率 …………………………………… (62)
　　一、束缚水饱和度的影响因素 ………………………………………………… (63)
　　二、计算束缚水饱和度经验公式 ……………………………………………… (63)
　　三、利用核磁共振测井计算束缚水饱和度 …………………………………… (64)
　　四、确定地层绝对渗透率的方法 ……………………………………………… (66)

第五节　POR 程序(单孔隙模型解释方法) ………………………………………… (67)
　　一、POR 程序的解释方法 ……………………………………………………… (67)
　　二、POR 程序的曲线及参数说明 ……………………………………………… (69)

第六节　CRA 程序(复杂岩性解释方法) …………………………………………… (72)
　　一、CRA 程序的解释方法 ……………………………………………………… (72)
　　二、CRA 程序的曲线及参数说明 ……………………………………………… (74)

第四章　储层的测井特征及评价 ………………………………………………… (81)

第一节　储层的测井特征及评价要点 ……………………………………………… (81)
　　一、砂岩储层的测井响应特征 ………………………………………………… (82)
　　二、碳酸盐岩储层的测井响应特征 …………………………………………… (86)
　　三、火山岩储层的测井响应特征 ……………………………………………… (89)
　　四、页岩气储层的测井响应特征 ……………………………………………… (93)
　　五、煤层气储层的测井响应特征 ……………………………………………… (94)
　　六、储集层评价要点 …………………………………………………………… (98)

第二节　成像测井的主要应用 ……………………………………………………… (101)
　　一、电阻率成像 ………………………………………………………………… (101)
　　二、超声波成像 ………………………………………………………………… (101)
　　三、成像测井解释的思路 ……………………………………………………… (102)

四、成像测井的裂缝倾角计算 ………………………………………………… (102)
　　五、地应力特征 ……………………………………………………………… (104)

第五章　储层的典型实例分析 ……………………………………………… (106)

第一节　常规储层的典型实例分析 …………………………………………… (106)
　　一、碎屑岩储层典型实例分析 ……………………………………………… (106)
　　二、碳酸盐岩储层典型实例分析 …………………………………………… (111)
第二节　特殊储层的典型实例分析 …………………………………………… (115)
　　一、火山岩储层典型实例分析 ……………………………………………… (115)
　　二、页岩气储层典型实例分析 ……………………………………………… (117)
　　三、煤层气储层典型实例分析 ……………………………………………… (122)

主要参考文献 ………………………………………………………………… (126)

第一章　测井数据、测井图及相关术语

由于地球物理测井涉及到的方法类型较多，并且每种类型的测井数据通常会与深度或者时间等参数相关联，形成不同类型的数据体，另外，不同的测井参数通常是采用英文字符代码保存在测井数据文件中，并和数据相关联，因此，开展地球物理测井的资料处理解释，需要熟悉相关的测井数据类型、测井图件及测井术语，了解这些信息有助于开展测井资料的处理和解释工作。

本章主要针对目前常用的几种测井数据类型及相应格式、常规测井曲线图件，以及测井曲线或参数的符号代码进行介绍，作为预备知识或资料参考。

第一节　测井数据及几种格式类型

在测井采集和处理过程中产生的数据统称为测井数据，随着测井技术的不断进步，测井数据的描述和记录格式也在不断变化之中。按照产生方式划分，测井数据记录格式可分为现场记录格式和解释格式，现场记录格式是指在测井现场实时记录的数据格式，解释格式是指在测井资料处理解释过程中产生的数据记录格式。在很多情况下，由于产生方式和用途的不同，现场记录格式和解释格式有时也是不同的。

目前，测井数据来源广泛，格式众多，同一个格式存在多个版本，内容和结构差异较大。各种测井数据格式多达近百种，如斯伦贝谢（Schlumberger）的 LIS、DLIS，加拿大测井协会的 LAS，5700 仪器的 XTF，阿特拉斯（Atlas）的 BIT、LA716，哈里伯顿（Halliburton）的 CLS 格式，以及我国广泛使用的 WIS、CifPlus 等，多样性的数据格式大大增加了测井数据解编系统开发的复杂性。

一、测井数据类型

测井数据格式是指在获取、交换、存储测井数据时将数据以一定的方式来表示的格式规范。测井数据格式中主要记录的对象就是数据。数据是一组索引和值的集合。索引一般为深度或者时间，通常以深度作为索引，值可能是单值或多值。

测井数据分为如下几种类型：

（1）常规曲线：每个深度索引点对应一个数值的输出，深度是等间隔（采样间隔）且连续的（图 1-1）。

（2）波形曲线：一种阵列数据的输出，每个深度索引点对应一个固定数据个数的数组。具有深度是等间隔（采样间隔）且连续，采样时间是等间隔且连续，采样时间范围相同等特点（图 1-2）。

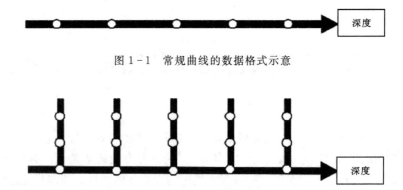

图1-1 常规曲线的数据格式示意

图1-2 波形曲线的数据格式示意

(3)VDL(Variable Density Log,变密度数据格式):主要是全波列声波测井的阵列数据。以深度作为主索引值,每个深度点有一组1 024或2 048个数据组成的数组,该数组以时间作为索引值,时间间隔通常为1μs。其数据形式和波形曲线类似。

(4)Image(图像格式):用于表示成像测井的数据。通常由多条曲线组成,所以也可以看作是一种阵列数据。该类型的数据形式和波形曲线类似。

(5)点测数据:深度不连续的一维数据,如点测的井斜方位数据、生产测井的一些数据类型等(图1-3)。

图1-3 点测数据的数据格式示意

(6)地层测试数据:深度离散、时间连续且时间范围不相同的二维数据(图1-4)。

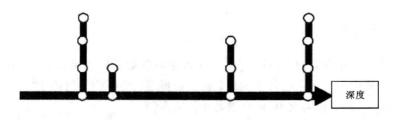

图1-4 地层测试数据的数据格式示意

测井数据通常以二进制数据流的形式记录,二进制文件中存取的最小信息单位为字节(Byte),1 Byte由8位二进制数(Bit)组成,如:0xF9h=11111001。

测井数据一般由文件头和数据主体组成,其中文件头部分通常有字符、二进制数据等,主要是对数据主体的信息说明、描述和类型规定等;数据主体为二进制数据。这种数据形式有如下几点作用:

(1) 数据需要的存储空间小,效率高,可以保证资料采集的准确性。

(2) 由于数据格式是专门定义的,实际是一种加密的数据文件,一般需要专门的软件读取数据,或者另外编程读取数据。如果用户不知道这个定义规范,就不能准确地提取出相应的测井数据,因此数据安全性好。

(3) 数据按照深度或时间顺序分块累积式存储,数据的结构化性能好。

二、几种典型的数据格式

1. 文本文件数据格式

文本文件即 ASCII 码文件格式,如:12345.txt 形式。它的优点是直观、易懂、使用方便,缺点是占用的储存空间大。在实际应用中,有时为了数据读取操作方便,除了二进制流数据文件格式外,也常以文本文件即 ASCII 码文件格式存储测井数据,这是由文本文件中存取的最小信息单位字符(Character)为序列组成的。因此,应用起来比较方便,但存在占用数据存储空间大、数据安全性不好等问题。

ASCII 码格式文件常在室内资料处理时使用,主要用于数据的输出、不同数据处理系统之间的数据交换等,在现场测井数据记录时不会使用这种格式。不同的数据处理系统所生成的 ASCII 码格式各不相同,但都是大同小异,一般都包含文件头和数据两部分,在文件头部分通常有井信息、起止深度、采样间隔、曲线名以及曲线排列顺序等内容,数据部分是各深度点对应的各曲线的数值。测井常用的 ASCII 码文件格式是 LAS 格式,如:123.las 形式。LAS(Log ASCII Standard)是由加拿大测井协会制定的一种标准的测井数据格式,主要包括图头信息和测井数据。这些文本文件数据格式的文件可以被多种文本编辑器直接打开读取或编辑修改(图 1-5)。

偏移地址	字节内容	ASCII 码符号
00000000h:	46 4F 52 57 41 52 44 5F 54 45 58 54 5F 46 4F 52 ;	FORWARD_TEXT_FOR
00000010h:	4D 41 54 5F 31 2E 30 0D 0A 53 54 44 45 50 20 3D ;	MAT_1.0..STDEP =
00000020h:	20 32 31 30 30 2E 30 30 30 30 0D 0A 45 4E 44 45 ;	2100.0000..ENDE
00000030h:	50 20 3D 20 32 34 30 30 2E 30 30 30 30 0D 0A 52 ;	P = 2400.0000..R
00000040h:	4C 45 56 20 20 3D 20 30 2E 31 32 35 30 0D 0A 20 ;	LEV = 0.1250..
00000050h:	20 20 20 20 20 20 20 20 20 20 20 20 20 0D 0A 43 ;	..C
00000060h:	55 52 56 45 4E 41 4D 45 20 3D 20 20 48 54 31 32 ;	URVENAME = HT12
00000070h:	2C 48 54 30 39 2C 48 54 30 36 2C 48 54 30 33 2C ;	,HT09,HT06,HT03,
00000080h:	48 54 30 32 2C 48 54 30 31 2C 48 4F 31 32 2C 48 ;	HT02,HT01,HO12,H
00000090h:	4F 30 39 2C 48 4F 30 36 2C 48 4F 30 33 2C 48 4F ;	O09,HO06,HO03,HO
000000a0h:	30 32 2C 48 4F 30 31 2C 48 46 31 32 2C 48 46 ;	02,HO01,HF12,HF
000000b0h:	39 2C 48 46 30 31 2C 48 46 30 36 2C 48 46 30 33 ;	9,HF01,HF06,HF03
000000c0h:	2C 48 46 30 32 2C 48 41 5A 49 2C 44 45 56 49 2C ;	,HF02,HAZI,DEVI,
000000d0h:	43 41 4C 49 2C 43 31 34 20 2C 43 32 35 20 2C 43 ;	CALI,C14 ,C25 ,C
000000e0h:	33 36 20 2C 47 52 20 20 0D 0A 45 4E 44 0D 0A 23 ;	36 ,GR ..END..#
000000f0h:	44 45 50 54 48 20 20 20 48 54 31 32 20 20 20 48 54 30 ;	DEPTH HT12 HT0
00000100h:	39 20 20 48 54 30 36 20 20 48 54 30 33 20 20 48 ;	9 HT06 HT03 H

图 1-5 文本文件数据的十六进制形式的内容示意

2. LIS 数据格式

LIS(Log Information Standard)是斯伦贝谢公司在 1979 年开发的记录测井数据的标准格式,称为 LIS 79。1984 年,斯伦贝谢公司发布了 LIS 的扩展版本 LIS 84。LIS 数据格式的特点为:最初为磁带介质设计,它是一种记录测井野外采集的数据格式,以深度帧方式记录数据,提供跨平台支持,读写速度较慢。

LIS 格式由逻辑结构和物理结构两部分组成。逻辑结构指信息的类型和信息的组织;物理结构指信息的位置,即信息所占多少空间。

LIS 文件从逻辑结构方面可分为 3 个层次。

逻辑磁带:由多个逻辑文件组成。

逻辑文件:由多组逻辑记录组成。

逻辑记录:由多位数字字节组成。

逻辑结构图如图 1-6 所示。

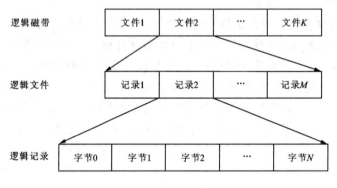

图 1-6 LIS 逻辑结构

LIS 格式的测井数据记录是用来记录测井数据的。一个测井数据记录包括若干个帧,总体结构如图 1-7 所示,LIS 格式测井数据的十六进制形式的内容如图 1-8 所示,是由字符、二进制数据等按照 LIS 格式的定义组合起来的信息。

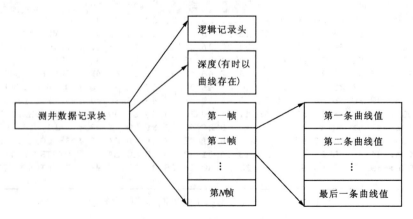

图 1-7 LIS 格式测井数据记录块结构

偏移地址	字节内容	ASCII 码符号
00000000h:	00 84 00 00 84 00 4C 49 53 4F 55 54 20 20 20 20 ;	.?.?LISOUT
00000010h:	20 20 31 30 2F 30 33 2F 31 32 20 20 47 45 4F 4C ;	10/03/12 GEOL
00000020h:	20 20 50 4C 41 59 42 41 43 4B 20 20 30 31 20 20 ;	PLAYBACK 01
00000030h:	50 4C 41 59 42 41 43 4B 20 20 48 45 53 20 50 52 ;	PLAYBACK HES PR
00000040h:	4F 50 52 49 45 54 41 52 59 20 54 41 50 45 20 20 ;	OPRIETARY TAPE
00000050h:	20 20 20 20 20 20 20 20 20 20 20 20 20 20 20 20 ;	
00000060h:	20 20 20 20 20 20 20 20 20 20 20 20 20 20 20 20 ;	
00000070h:	20 20 20 20 20 20 20 20 20 20 20 20 20 20 20 20 ;	
00000080h:	20 20 20 20 00 84 00 00 82 00 4C 49 53 4F 55 54 ;	.?.?LISOUT
00000090h:	20 20 20 20 20 20 31 30 2F 30 33 2F 31 32 20 20 ;	10/03/12
000000a0h:	47 45 4F 4C 20 20 50 4C 41 59 42 41 43 4B 20 20 ;	GEOL PLAYBACK
000000b0h:	30 31 20 20 50 4C 41 59 42 41 43 4B 20 20 48 45 ;	01 PLAYBACK HE
000000c0h:	53 20 50 52 4F 50 52 49 45 54 41 52 59 20 54 41 ;	S PROPRIETARY TA
000000d0h:	50 45 20 20 20 20 20 20 20 20 20 20 20 20 20 20 ;	PE
000000e0h:	20 20 20 20 20 20 20 20 20 20 20 20 20 20 20 20 ;	
000000f0h:	20 20 20 20 20 20 20 20 20 20 20 20 20 20 20 20 ;	
00000100h:	20 20 20 20 20 20 20 00 3E 00 00 80 00 48 45 20 ;	.>..€.HE
00000110h:	53 20 20 20 2E 30 30 31 20 20 20 30 30 30 30 31 ;	S .001 00001
00000120h:	44 45 56 45 4C 4F 50 4D 30 37 2F 30 31 2F 31 30 ;	DEVELOPM07/01/10
00000130h:	20 20 31 30 32 34 20 20 4C 4F 20 20 48 45 53 20 ;	1024 LO HES
00000140h:	20 20 2E 30 30 30 03 30 00 01 22 00 49 41 04 00 ;	.000.0..".IA..
00000150h:	54 59 50 45 20 20 20 20 4F 55 54 50 00 41 04 00 ;	TYPE OUTP.A..
00000160h:	4D 4E 45 4D 20 20 20 20 44 45 50 54 45 41 04 00 ;	MNEM DEPTEA..
00000170h:	50 55 4E 49 20 20 20 20 4D 00 00 00 45 41 04 00 ;	PUNI M...EA..

图 1-8 LIS 格式测井数据的十六进制形式的内容示意

3. DLIS 数据格式

DLIS(Digital Log Interchange Standard)是 POSC(Petrotechnical Open Standards Consortium)基于 RP66 标准的一个数据格式。DLIS 数据格式是目前被广泛接受的行业标准,分为 RP66V1 和 RP66V2 两个版本。RP66V1 是一种加强的测井数据交换格式标准,具有与机器无关、自我描述、语义可扩展和有效处理零散数据等特点。RP66V2 是为了适应大容量存储设备而扩展了物理绑定机制。

LIS 格式同时也符合 RP66 标准,所以 LIS 格式与 DLIS 格式的结构一致,因此两者之间较容易进行双向转换。但由于 DLIS 格式所表达的内容更丰富,因此由 DLIS 格式转换为 LIS 格式时将会有部分信息丢失。

4. XTF 数据格式

XTF 是贝克休斯(Baker Hughes)公司 ECLIPS 5700 数控测井系统的文件格式。XTF 文件包含的信息量很大,它由标题块和数据块组成,最小的组成单元是记录,每个记录的长度均为 4 096 字节。标题块通常包括 8 个记录,数据块包含的记录个数由曲线的深度范围、曲线类型及曲线的数据类型等决定。XTF 文件允许不同特性的曲线并存,如曲线的起始深度、结束深度、采样率、曲线类型等都可以不同。XTF 文件的标题块后紧跟数据块,数据块用于存放采集的测井数据,其整体结构如图 1-9 所示。XTF 格式测井数据的十六进制形式内容示例如图 1-10 所示。

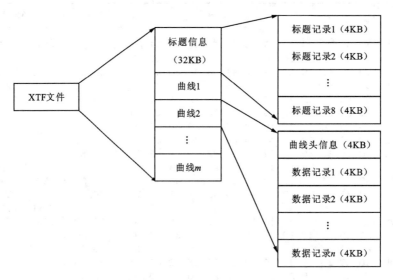

图1-9 XTF文件整体结构

```
偏移地址              字节内容                                              ASCII码符号
00002ff0h: 20 20 20 20 20 20 20 20 20 20 20 20 20 20 20 20 ;
00003000h: 00 00 00 09 00 00 00 00 00 00 00 28 00 00 00 00 ; ...........(....
00003010h: 00 00 00 47 00 00 00 00 00 00 00 66 00 00 00 00 ; ...G.......f....
00003020h: 00 00 00 6B 00 00 00 00 00 00 00 70 00 00 00 00 ; ...k.......p....
00003030h: 00 00 00 80 00 00 00 00 00 00 00 85 00 00 00 00 ; ...€.......?....
00003040h: 00 00 00 95 00 00 00 00 00 00 00 9A 00 00 00 00 ; ...?.......?...
00003050h: 00 00 00 9F 00 00 00 00 00 00 00 A4 00 00 00 00 ; ...?.......?...
00003060h: 00 00 00 A9 00 00 00 00 00 00 00 B2 00 00 00 00 ; ...?.......?...
00003070h: 00 00 05 AD 00 00 00 00 00 00 05 BD 00 00 00 00 ; ...?.......?...
00003080h: 00 00 00 00 00 00 00 00 00 00 00 00 00 00 00 00 ;
00003090h: 00 00 00 00 00 00 00 00 00 00 00 00 00 00 00 00 ;
000030a0h: 00 00 00 00 00 00 00 00 00 00 00 00 00 00 00 00 ;
000030b0h: 00 00 00 00 00 00 00 00 00 00 00 00 00 00 00 00 ;
000030c0h: 00 00 00 00 00 00 00 00 00 00 00 00 00 00 00 00 ;
```

图1-10 XTF格式测井数据的十六进制形式的内容示意

5. CifPlus数据格式

CifPlus数据格式是中国石油勘探开发研究院推出的测井数字资料格式。这是一种面向对象的格式定义,它将一个工程数据抽象为只有数字特征的数据体。CifPlus是专门为一体化测井处理解释平台设计的数据格式,是原有的Cif数据格式的升级。

CifPlus在物理结构上以4 096字节大小作为其组成单位,每4 096字节大小称为一个记录块。CifPlus文件大小是4 096字节的整数倍。文件由文件头记录块、表格记录块组和CIF数据记录块组组成。除文件头记录块需要在文件开头位置外,表格记录块组和CIF数据记录块组在文件中的位置是任意的,没有要求,具体位置会在文件头记录块中对应说明。

在CifPlus格式定义中,可以存储非等间隔、等间隔采样测井数据,也可以存储表格数据、文档数据,特别是可以存储复杂类型的数据,可以满足未来需要存储的未知数据类型。对于一些非等间隔离散数据,如井斜数据、成果表等采用表格记录块组实现存储。

CifPlus 格式定义的曲线数据,如常规曲线、二维曲线、阵列曲线、复杂类型曲线,由表格记录块组和 CIF 数据记录块组共同完成数据的存储。数据操作是通过以基本的表格和 CIF 数据读写作为基础函数,常规曲线、二维曲线、阵列数据、表格、文档等复杂数据类型的读写是在基础函数之上的特例化实现,这样读写数据的函数接口采用层次化设计,便于维护和扩展,提高开发效率。图 1-11 给出了 CifPlus 数据在文件中的存储结构,文件头记录块仅包含文件类型和版本、起止深度、深度采样间隔、深度单位等信息,文件头位于文件的第一个记录块。表格记录块组可以由一个或多个 4 096 字节记录块组成。表格记录依次由表格信息、表格定义和表格行记录组成。

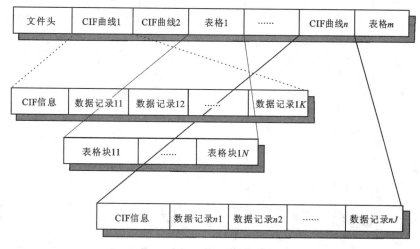

图 1-11 CifPlus 文件结构示意图

第二节 测井图件

测井仪器采集了大量数据,直接查看或分析这些数据会很不方便,因此,通常按照深度和对应的测井数据组合以图形的方式进行绘图,即把相关的测井曲线按照深度一致的原则组合在一起构成测井曲线组合图,这样就比较直观和有效。测井曲线组合图包括测井井名、图头、附图等,附图包括不同的测井曲线道。实时采集的时候,在显示器上也可以实时动态地观察到测井仪器记录的数据和测井曲线图形显示。

对于测井图件的认识,需要从图头、深度道、深度比例、曲线道、曲线名、曲线单位、曲线线型或颜色及曲线线宽/粗细等、曲线刻度类型、左右刻度、第二比例、解释结论、岩性、井壁取芯等方面来认知和识别。通过对测井图件和曲线特征的分析和认识,可以定性识别测井曲线的名称、刻度以及定量读图等。

图 1-12 为测井曲线组合成果图的图头示例,主要记录测井井号、位置、坐标、测井日期、测井装备、测量井段、泥浆(钻井液)信息、套管程序、钻头程序、钻井信息、施工队伍情况等信息。

序号 图号	××省××市 Y12井 测井组合成果图 公司:中国石油化工股份有限公司××油田××测井公司 深度比例:1∶200				
地理位置	××省××县××乡××村		测井日期	2015年10月8日	
构造位置	鄂尔多斯盆地伊陕斜坡××背斜构造带				
坐标	X= Y=		完钻时间	2015年10月8日	
海拔高度	1 220.5m		测量井段	920.00~1 553.00m	
补心高度	5.00m		井底温度	45.8℃	
测时井深	1 553.00m		仪器型号	小数控2000	
套管程序	261.19×226.62(m×mm)	泥浆	类型	钾氨基聚合物	
	1 491.93×139.70(m×mm)		黏度	43.00s	
钻头程序	262.00×311.15(m×mm)		密度	1.10g/cm^3	
	1 553.00×215.90(m×mm)		电阻率	0.97Ω·m/45.05℃	
队号	HB101队	队长		操作员	
处理		解释		计算机类型	微机
曲线质量评价	总评为一级品		审核		
技术说明	采用新砂岩程序处理				
解释结论图例	 油层 油水同层 含油水层 差油层 水层 干层 煤层				

图 1-12 测井组合成果图图头

图中,补心高度是指钻井平台方补心至地面的距离,即方补心的地面高度;裸眼井测井涉及到的井深数据都是从钻井平台方补心算起,如果井孔后期转入开发生产阶段后,若进行生产测井工作,将会以现有的地面井口为深度起点,这时就要注意这个深度会比裸眼井测井时的深度少一个补心高度的距离(因为钻井井架已经撤走),因此,在开展老井资料分析和现时目的层位特性对照研究时,一定要考虑深度对应问题。

在套管程序、钻头程序的标注中,乘号前面的数字表示深度,后面的数字表示直径。

套管程序:

261.19×226.62(m×mm):表示深度261.19m以内的井段,采用的套管直径为226.62mm。

1 491.93×139.70(m×mm):表示深度261.19~1 491.93m的井段,采用的套管直径为139.70mm(5-1/2in)。

钻头程序:

262.00×311.15(m×mm):表示深度262.00m以内的井段,采用的钻头直径为311.15mm。

1 553.00×215.90(m×mm):表示深度262.00~1 553.00m的井段,采用的钻头直径为215.90mm(8-1/2in)。

通过这些信息,我们可以清楚地了解井筒结构和井眼基本情况。

对于测井图件的曲线绘制,除电阻率类曲线因数据量值变化大,为便于凸显数值差异采用对数刻度外,其他曲线通常采用线性刻度,测井曲线在标题栏标注曲线名称和曲线单位、不同的曲线采用不同的曲线线型和颜色(实线、虚线、点线、点划线等,曲线线条的粗细等也会不同,便于区分在同一曲线道的不同曲线)。

测井曲线的左右刻度类型即左右边界的量值,是测井曲线绘制的参照,也是从图件上定性、定量读取任一深度位置测井曲线数据数值的依据。按照刻度值绘制曲线时,少数情况下某些测井曲线的数据会高于或低于所设置的刻度边界,为了等比例显示这部分数据,通常对这个曲线设置第二显示比例,使图件上的曲线通过左折返或右折返显示出来。

图 1-13 为某井的测井曲线综合图示例,图中共有 6 道曲线记录。

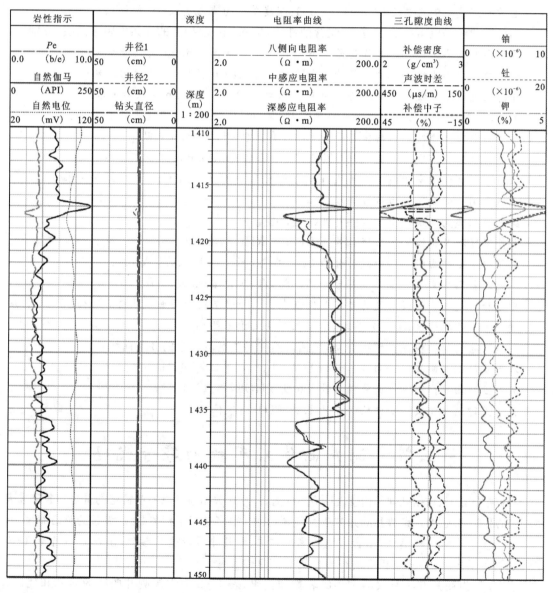

图 1-13 测井曲线综合图示例

第一道曲线主要为反映岩性的测井曲线道，包括：
光电吸收截面指数曲线——曲线符号为 PE，单位 b/e（岩性密度测井）；
自然伽马测井曲线——曲线符号为 GR，单位 API；
自然电位测井曲线——曲线符号为 SP，单位 mV。
第二道曲线为井径曲线道，包括：
井径 1 测井曲线——曲线符号为 CAL1，单位 cm 或 in；
井径 2 测井曲线——曲线符号为 CAL2，单位 cm 或 in；
钻头直径曲线——曲线符号为 BS，单位 cm 或 in。
第三道是深度道：
通常的深度比例尺为 1:200 或 1:500；深度单位为米或英尺（m 或 in）。
第四道曲线是电阻率曲线道，反映含油性，包括深、中、浅探测的 3 条电阻率曲线，分别是：
八侧向电阻率曲线——曲线符号为 RLL8，单位 Ω·m、Ohmm 或欧姆·米；
中感应电阻率曲线——曲线符号为 RILM，单位 Ω·m、Ohmm 或欧姆·米；
深感应电阻率曲线——曲线符号为 RILD，单位 Ω·m、Ohmm 或欧姆·米。
另外，如果应用双侧向和微球形聚焦测井，深、中、浅探测的 3 条电阻率曲线为：
深侧向电阻率曲线——曲线符号为 LLD，单位 Ω·m、Ohmm 或欧姆·米；
浅侧向电阻率曲线——曲线符号为 LLS，单位 Ω·m、Ohmm 或欧姆·米；
微球形聚焦电阻率曲线——曲线符号为 MSFL，单位 Ω·m、Ohmm 或欧姆·米。
电阻率测井曲线通常为对数刻度。
第五道曲线为反映孔隙度的测井曲线道，包括：
补偿密度测井曲线——曲线符号为 DEN 或 RHOB，单位 g/cm^3；
补偿中子测井曲线——曲线符号为 CNL 或 NPHI，单位%、v/v 或 p.u.；
声波时差测井曲线——曲线符号为 AC 或 DT，单位 μs/m 或 μs/ft。
中子和密度测井曲线刻度的特点是保证在含水砂岩层段两条曲线重叠，在含气层段，密度孔隙度大于中子孔隙度；在泥岩层段，中子孔隙度大于密度孔隙度。
第六道曲线是反映黏土矿物类型，包括自然伽马能谱测井中的 3 条曲线：
放射性铀测井曲线——曲线符号为 U 或 URAN，单位 $\times 10^{-6}$；
放射性钍测井曲线——曲线符号为 Th 或 THOR，单位 $\times 10^{-6}$；
放射性钾测井曲线——曲线符号为 K 或 POTA，单位%。

第三节　测井曲线或参数的符号代码

根据数据记录、数据处理和信息表达应用的需要，测井数据通常以一些特定的符号和数字来表示相关的测井曲线、测井参数和测井方法类型等，其中，很多是基于相关曲线、参数的英语缩写。

为了便于了解这些信息，结合常用的测井方法、测井曲线及测井参数，在表 1-1 至表 1-3 中分别列出了中文、英文及相应的符号代码等信息供参考。

表 1-1 为测井方法及仪器类型的名称和代码，表 1-2 为常规测井曲线的名称和代码，表 1-3 为测井参数的名称和代码。

表 1-1 测井方法及仪器类型的名称和代码

序号	中文名称	符号代码	英文名称
1	电位电极系测井	RN	Normal log
2	梯度电极系测井	RL	Lateral log
3	微电极测井	ML	Microlog tool
4	微侧向测井	MLL	Micro laterolog
5	三侧向测井	LL3	Laterolog 3
6	侧向测井	LL	Laterolog
7	双侧向测井仪	DLL	Dual laterolog tool
8	微球形聚焦测井	MSFL	Microspherically focused log
9	自然电位	SP	Spontaneous potential
10	感应测井	IL	Induction log
11	双感应测井	DIL	Dual induction log
12	井径	CAL	Caliper
13	声波测井	AC	Acoustic log
14	声波全波列测井	FWS	Full wave sonic
15	长源距声波测井	LSS	Long spacing sonic log
16	声波变密度测井	VDL	Variable density log
17	水泥胶结测井	CBL	Cement bond log
18	自然伽马测井	GR	Gamma ray tool
19	自然伽马能谱测井	NGS	Natural gamma ray spectrometry log
20	补偿地层密度测井	FDC	Compensated formation density log
21	岩性密度仪	LDT	Litho density tool
22	补偿中子测井	CNL	Compensated neutron log
23	补偿中子孔隙度	CNP	Compensated neutron porosity
24	脉冲中子测井	PND	Pulsed neutron decay
25	地层倾角测井	DIP	Diplog
26	核磁共振测井	NMR	Nuclear magnetic resonance tool
27	核磁共振成像测井	MRIL	Magnetic resonance imaging log
28	井周声波成像测井	CBIL	Circumferential borehole imaging log
29	超声井壁成像测井	UBI	Ultrasonic borehole imager
30	超声成像测井仪	USI	Ultrasonic imager tool
31	多极子阵列声波测井	XMAC	Cross-multipole array acoustilog
32	偶极子横波成像测井	DSI	Dipole shear sonic imager
33	扇区水泥胶结测井仪	SBT	Segmented bond tool
34	阵列感应测井仪	AIT	Array induction imager tool
35	地层微电阻率成像测井	FMI	Fullbore formation micro imager
36	地层微电阻率扫描测井	FMS	Formation micro scanner
37	垂直地震剖面测井	VSP	Vertical seismic profile
38	井下电视	BHTV	Borehole televiewer
39	地质导向仪	GST	Geo-steering tool

表 1-2 常规测井曲线的名称和代码

序号	中文名称	符号代码	英文名称	单位
1	深度	DEPTH	Depth	m, ft
2	钻头尺寸	BITS, BS	Bit size	cm, in
3	井径	CAL, CAL1, CAL2	Borehole diameter	cm, in
4	井径差值	CALC	Difference between caliper and bit size	cm, in
5	方位角	AZIM	Azimuth	(°)
6	井斜角	DEV	Deviation	(°)
7	微探测电阻率	MSFL, SFLU, RFOC, LL8	Micro investigation resistivity	$\Omega \cdot m$
8	深感应电阻率	RILD, ILD	Deep investigation induction resistivity	$\Omega \cdot m$
9	中感应电阻率	RILM, ILM	Medium investigation induction resistivity	$\Omega \cdot m$
10	深侧向电阻率	RLLD, RD	Deep investigation laterolog resistivity	$\Omega \cdot m$
11	浅侧向电阻率	RLLS, RS	Shallow investigation laterolog resistivity	$\Omega \cdot m$
12	微电位电阻率	ML1, RN, MNOR, RMN	Micronormal resistivity	$\Omega \cdot m$
13	微梯度电阻率	ML2, RL, MINV, RMG	Microinverse resistivity	$\Omega \cdot m$
14	0.4m 电位电阻率	$R04$	0.4m potential resistivity	$\Omega \cdot m$
15	0.45m 梯度电阻率	$R045$	0.45m potential resistivity	$\Omega \cdot m$
16	0.5m 电位电阻率	$R05$	0.5m potential resistivity	$\Omega \cdot m$
17	1m 梯度电阻率	$R1$	1m lateral resistivity	$\Omega \cdot m$
18	2.5m 梯度电阻率	$R25$	2.5m lateral resistivity	$\Omega \cdot m$
19	4m 梯度电阻率	$R4$	4m lateral resistivity	$\Omega \cdot m$
20	6m 梯度电阻率	$R6$	6m lateral resistivity	$\Omega \cdot m$
21	8m 梯度电阻率	$R8$	8m lateral resistivity	$\Omega \cdot m$
22	自然电位	SP	Spontaneous potential	mV
23	静自然电位	SSP	Static spontaneous potential	mV
24	声波时差测井	AC, Δt, DT	Acoustic logging	$\mu s/m, \mu s/ft$
25	声波幅度测井	Amp	Amplitude	mV
26	体积密度	DEN, RHOB, ρ_b	Bulk density	g/cm^3
27	光电吸收截面指数	Pe	Photoelectric effect	b/e
28	自然伽马	GR	Natural gamma ray	API
29	自然伽马计数总和	GRSL	Gross gamma ray	API
30	补偿中子测井	CNL, NPHI, ϕ_N, ϕ_{CNL}	Compensated neutron log	%, p.u.
31	钾	K, POTA	Potassium	%
32	钍	Th, THOR	Thorium	$\times 10^{-6}$
33	铀	U, URAN	Uranium	$\times 10^{-6}$
34	井温、温度测井	Temp	Temperature logging	℃
35	钍钾和(无铀伽马)	KTh	Gamma ray without uranium	API
36	闭合方位	HOAZ	HOAZ	(°)
37	水平位移	HOFF	HOFF	m
38	东西位移	XE	Displacement in X-direction	m
39	南北位移	YN	Displacement in Y-direction	m

表 1-3　测井参数的名称和代码

序号	中文名称	符号代码	英文名称	单位
1	原状地层电阻率	R_t	Uninvaded formation resistivity	$\Omega \cdot m$
2	围岩电阻率	R_s	Resistivity of shoulder bed	$\Omega \cdot m$
3	视电阻率	R_a	Apparent resistivity	$\Omega \cdot m$
4	泥浆（钻井液）电阻率	R_m	Mud resistivity	$\Omega \cdot m$
5	泥浆滤液电阻率	R_{mf}	Mud filtrate resistivity	$\Omega \cdot m$
6	泥饼电阻率	R_{mc}	Mud cake resistivity	$\Omega \cdot m$
7	地层水电阻率	R_w	Formation water resistivity	$\Omega \cdot m$
8	100%含水岩石的电阻率	R_0	100% water saturated formation resistivity	$\Omega \cdot m$
9	视地层水电阻率	R_{wa}	Apparent resistivity of formation water	$\Omega \cdot m$
10	流体电阻率	R_f	Fluid resistivity	$\Omega \cdot m$
11	冲洗带电阻率	R_{XO}	Resistivity of flushed zone	$\Omega \cdot m$
12	侵入带电阻率	R_i	Resistivity of invaded zone	$\Omega \cdot m$
13	冲洗带混合滤液电阻率	R_Z	Mixed filtrate resistivity in the flushed zone	$\Omega \cdot m$
14	侵入带直径	D_i	Diameter of invaded zone	m
15	API 单位	API	API unit	API
16	流体中子测井响应	ϕ_{Nf}	Neutron fluid response	%
17	骨架中子测井响应	ϕ_{Nma}	Neutron matrix response	%
18	泥质中子测井响应	ϕ_{Nsh}	Neutron shale response	%
19	岩石骨架时差	Δt_{ma}	Transit time of rock matrix	$\mu s/m, \mu s/ft$
20	流体时差	Δt_f	Transit time of fluid	$\mu s/m, \mu s/ft$
21	泥质时差	Δt_{sh}	Transit time of shale	$\mu s/m, \mu s/ft$
22	纵波时差	Δt_P (DTC)	Delta-T Compressional wave	$\mu s/m, \mu s/ft$
23	横波时差	Δt_S (DTS)	Delta-T Shear wave	$\mu s/m, \mu s/ft$
24	纵横波速度比	v_P/v_S	v_P and v_S ratio	
25	泊松比	POIS	Poisson's ratio	
26	杨氏模量	YMOD	Young's modulus	GPa
27	体积模量	BMOD	Bulk modulus	GPa
28	流体密度	ρ_f	Fluid density	g/cm^3
29	骨架密度	ρ_{ma}	Rock matrix density	g/cm^3
30	泥质密度	ρ_{sh}	Shale density	g/cm^3
31	油气（烃）密度	ρ_h	Hydrocarbon density	g/cm^3
32	油的密度	ρ_o	Oil density	g/cm^3
33	气的密度	ρ_g	Gas density	g/cm^3
34	水的密度	ρ_w	Water density	g/cm^3
35	束缚流体体积	MBVI	Bulk volume irreducible fluid	%
36	可动流体体积	MBVM	Bulk volume movable fluid	%
37	核磁孔隙度	MPHI	NMR porosity	%
38	回波间隔	TE	Echo space	ms
39	等待时间	TW	Waiting time	ms
40	长等待时间	TWL	Long waiting time	ms
41	短等待时间	TWS	Short waiting time	ms

续表 1-3

序号	中文名称	符号代码	英文名称	单位
42	横向弛豫时间 T_2 谱	T_2	T_2 distribution of transverse relaxation time	
43	纵向弛豫时间 T_1 谱	T_1	T_2 distribution of longitudinal relaxation time	
44	绝对渗透率	K, PERM	Absolute permeability	$\times 10^{-3}\ \mu m^2$
45	气的有效渗透率(相渗透率)	K_g	Effective permeability of gas	$\times 10^{-3}\ \mu m^2$
46	油的有效渗透率(相渗透率)	K_o	Effective permeability of oil	$\times 10^{-3}\ \mu m^2$
47	水的有效渗透率(相渗透率)	K_w	Effective permeability of water	$\times 10^{-3}\ \mu m^2$
48	气的相对渗透率	K_{rg}	Relative permeability of gas	%
49	油的相对渗透率	K_{ro}	Relative permeability of oil	%
50	水的相对渗透率	K_{rw}	Relative permeability of water	%
51	孔隙度	ϕ, POR	Porosity	%
52	总孔隙度	ϕ_Z, ϕ_t, PORT	Total porosity	%
53	有效孔隙度	ϕ_e, PORE	Effective porosity	%
54	中子孔隙度	ϕ_N, PORN	Neutron porosity	%
55	密度孔隙度	ϕ_D, PORD	Density porosity	%
56	声波孔隙度	ϕ_S, PORA	Sonic porosity	%
57	可动油孔隙度	ϕ_{MOS}	Movability oil porosity	%
58	残余油孔隙度	ϕ_{or}	Residual oil porosity	%
59	含水孔隙度	ϕ_w, PORW	Water-bearing porosity	%
60	冲洗带含水孔隙度	ϕ_{xo}, PORF	Water-bearing porosity in flushed zone	%
61	流体孔隙度	ϕ_f, PORX	Fluid filled porosity	%
62	油气孔隙度	ϕ_h, PORH	Hydrocarbon porosity	%
63	含水饱和度	S_w	Water saturation	%
64	含油饱和度	S_o	Oil saturation	%
65	含气饱和度	S_g	Gas saturation	%
66	含油气饱和度	S_h	Hydrocarbon saturation	
67	束缚水饱和度	S_{wi}, S_{wb}	Bound water saturation	%
68	冲洗带含水饱和度	S_{xo}	Water saturation of flushed zone	%
69	冲洗带含油饱和度	S_{oxo}	Oil saturation of flushed zone	%
70	残余油饱和度	S_{or}	Residual oil saturation	%
71	可动油饱和度	S_{MOS}	Movability oil saturation	%
72	可动水饱和度	S_{wm}	Movability water saturation	%
73	粒度中值	M_d	Grain size median	
74	泥质含量	V_{sh}, VSH	Shale content	%
75	骨架体积	V_{ma}	Matrix volume	%
76	流体体积	V_f	Fluid volume	%
77	黏土含量	CL	Clay content	%
78	灰岩含量	LIME	Volume of limestone	%
79	煤的含量	COAL	Volume of coal	%
80	砂的含量	SAND	Volume of sandstone	%
81	地层因素	F	Formation factor	

第二章　测井资料预处理

各种测井方法的产生以及用这些方法获取地层测井信息的最终目的是用于地质解释。然而，由于测井的探测环境、测量条件和研究对象的复杂性，各种测井信息都不同程度地受着多种非地质因素的影响。如何消除这些影响，达到去伪存真的目的，是测井数据处理的重要任务之一。

测井曲线数值的正确性是衡量测井曲线质量的主要标志。通常由现场测井人员把关，如保证正确的仪器刻度、合适的操作程序和重复测量等。但测井资料的使用者也应具备认识与分析测井质量的一些基本方法，如声波、密度和中子曲线在套管或者已知岩性的地层的测井值应与理论值相吻合等。若两者出现系统的偏高或偏低时，则常常是由于仪器刻度不准造成的，应对该偏差曲线确定一个附加校正值，以便在计算机解释时对其进行系统校正。

因为测井设备、钻孔几何条件、泥浆性能及测量速度等因素的影响，测井曲线对应的深度和幅值相对于真实值会存在一定的偏差。所以在使用这些测井数据开展地质解释工作之前，必须要尽量消除（或减少）测井原始数据携带的误差，也就是我们通常所说的测井资料预处理。

利用测井数据进行地层定性分析和定量计算时，要求每一条测井曲线的深度和幅度（测井值）都要相当准确。然而，由于野外测井作业方式和测井环境等许多因素的影响，同一口井各测井曲线之间深度往往存在不一致，测井值又不可避免地要受到许多非地层环境与测量因素的影响。因此，在对测井数据作定量计算之前，必须对原始测井数据进行预处理和校正，使校正后的同一口井的测井曲线具有较好的深度对应关系，其数值尽可能真实地反映地层及其孔隙流体的性质。

因此，测井资料预处理的目的是为测井解释提供质量可信、深度一致、数值正确且尽量消除了与探测目的无关的影响因素之后的测井数据。测井资料预处理主要包括测井曲线的深度校正、曲线拼接、环境影响校正、数值滤波及测井曲线标准化等。

第一节　深度校正

测井曲线之间的深度一致性和准确性，无论对于定性分析和定量解释都很重要。测井曲线深度校正是测井资料预处理中的一个重要环节。

由于测井曲线往往不是由仪器同一次下井测量得到，有时甚至不是同一测井仪器系统测量得到的，所以在不同的测井过程中，存在井眼情况、各种下井仪器的重量及几何形状、仪器与井壁的接触情况（如仪器贴井壁、带扶正器或推靠器等）、电缆性能、测井速度以及操作方法等因素，使得下井仪器在井内的运行状况不同，引起各次测量时电缆受到的张力也不同，造成对同一口井的不同趟次测井得到的各条测井曲线之间会产生不同程度的深度不一致。

造成深度不一致主要是由于各趟次测量时测井仪器质量、电缆上提或下放等不同情况使电缆张力不一致,以及电缆自身重力引起电缆出现弹性伸缩造成的。实际记录的测井曲线在深度上的偏差主要是在某些井段上发生深度扩展、压缩或线性移动等现象。

电缆测井深度往往与钻孔的实际深度之间会存在一定的误差,当这个误差很小的时候($<5cm$),可能影响不大,但如果深度误差过大,则会影响对储集层(矿层)深度的确定,可能会漏掉一些重要的储集层(矿层),从而导致测井响应值在深度上存在不一致性,可能使解释井段出现变厚、变薄或错位等情况,给测井处理解释带来困难,如储层划分与精细储层参数计算等,情况严重的时候甚至可能导致油气层评价错误。因此,测井曲线之间进行深度校正就具有重要的实际价值。

对测井数据进行曲线深度校正,使同一口井所有的测井数据之间具有一致的深度关系,以满足测井资料的精细处理要求。对此,通常利用每次下井测量的自然伽马曲线来进行对比检查。当发现曲线之间有深度偏差时,需确定偏差值,然后以某一趟次的曲线的深度为基准,利用深度移动程序对有偏差的曲线进行校正,即上移或下移一定的深度数值。此外,为了满足直井地层对比的需要,针对斜井进行垂直深度校正也是非常必要的。

深度校正主要包括手动校深和自动校深。手动校深,即可视化刚性深度校正,是用目测的方法在待校正曲线上找出相似或相同的曲线段,并把对应点进行连线作深度校正。自动校深则是应用一些智能识别方法计算校深量,进行自动校正。

自动深度校正采用相关对比法,同一口井的相关测井曲线间普遍存在着一定的相关性,可以选择某一纵向分辨率高、特征标志明显、质量好的曲线作为基准曲线,通过相关对比分析,按解释井段分别确定其他测井曲线相对于基准曲线的移动量,以达到同一口井不同种类测井曲线的深度对齐。

采用标准化相关函数方法用计算机自动确定各条曲线相对于基准曲线的深度移动量。若采用固定窗长(对比长度),进行相关对比时,将基准曲线 X 的一个深度段固定,按对比长度 N 移动对比曲线 Y,求出对比曲线 Y 在各个位置时的相关函数值,并找出相关函数的最大点,该点位置可认为是两条曲线对比最好的位置。这两条曲线在此位置上的深度差,即为对比曲线 Y 相对于基准曲线 X 所需的线性深度移动距离。

标准化相关函数 r_{XY} 为:

$$r_{XY} = \frac{\frac{1}{N}\sum(X_n-\overline{X})(Y_n-\overline{Y})}{\sqrt{\frac{1}{N}\sum(X_n-\overline{X})^2 \frac{1}{N}\sum(Y_n-\overline{Y})^2}}$$

$$= \frac{\sum_{i=1}^{N}(X_i-\overline{X})(Y_i-\overline{Y})}{\sqrt{\sum_{i=1}^{N}(X_i-\overline{X})^2 \sum_{i=1}^{N}(Y_i-\overline{Y})^2}} \quad (2-1)$$

式中,$\overline{X}=\frac{1}{N}\sum_{i=1}^{N}X_i$,$\overline{Y}=\frac{1}{N}\sum_{i=1}^{N}Y_i$;$X_i$ 为基准曲线 X 在对比长度 N 上的第 i 个采样点值;Y_i 为对比曲线 Y 在对比长度 N 上的第 i 个采样点值;$\overline{X}$ 为在相关对比井段上基准曲线 X 的平均值;$\overline{Y}$ 为在相关对比井段上对比曲线 Y 的平均值。

重复上述过程,依次将其他各条曲线与基准曲线进行相关对比,计算出线性深度移动距离。然后,利用程序进行曲线深度校正,使各曲线的深度对齐。

一、电缆弹性伸缩校正

通常测井仪器与电缆自身重力远大于其在泥浆中的浮力,所以电缆放到井下会被拉伸变长。由于电缆存在弹性伸缩,绞车将测井仪器垂直下放到1 000m的深度处,电缆大概伸长1m左右。因此可以利用标准井求得电缆伸长量与井深度之间的函数关系,再利用该函数关系对电缆的弹性伸缩进行补偿和校正。大多数测井测量系统可以自动进行电缆弹性伸缩的补偿和校正[式(2-2)],消除电缆弹性伸缩的影响(一般要求测井深度误差每1 000m不超过0.2m)。

$$H = \begin{cases} H_0(1-\Delta H); h < H_0 \\ H_0(1+\Delta H); h > H_0 \end{cases} \quad (2-2)$$

电缆伸缩因子为: $\Delta H = \dfrac{|H_0 - h|}{H_0}$

式中,H 为校正后的测井深度;h 为标准井的深度;H_0 为测井电缆在标准井中记录的长度。

二、深度对齐

由于测井仪器串不能太长,一般每次下井只能进行1~3种测井方法的测量,所以测量一个井段的地层,需要分好几趟次来完成各种测井参数的测量。受测井仪器种类、测井速度等因素的影响,不同趟次测井曲线之间也会出现深度不一致的情况,对不同趟次测井曲线之间的深度差异,常用的一种深度校正方法就是用深度控制曲线进行深度校正,通常用自然伽马曲线GR作为深度控制曲线,每趟次测井都同时测量一条GR曲线,并以某次测量的GR曲线的深度为基准,把其他各趟次测量的曲线与基准曲线进行深度对齐。

同一次测量的曲线(包括GR曲线),只要由组合的每种仪器记录点所计算的深度延迟量和预置正确,那么所测曲线的深度就是一致的。对于不同趟次测量曲线间的深度差异量,只要将各趟次测量的GR曲线进行相互对比就能确定,进而将它们的深度对齐。这种方法的优点是不同趟次测量的GR曲线的相关性好,能提高深度校正的可靠性,便于计算机实现全自动校深。

图2-1为同一口井利用深度控制曲线(自然伽马GR曲线)进行深度校正的示意图,为了便于对两次测井结果进行深度校正,两次测井都对地层的自然伽马进行了测量,可以将第一次测井的自然伽马曲线GR1的深度作为参考标准,检查第二次测井的自然伽马曲线GR2的测井深度和第一次的测井深度有无偏差。可以看到,图2-1中两次测井的自然伽马测井曲线上都有一处特征点(低值点),但是两次测井的GR特征点对应的深度是有差异的(差值为Δd)。因此,可以对第二次测井的深度进行校正,即对第二次测井的数据在深度上整体向上移动Δd距离,使得第二次的测井曲线和第一次测井曲线的特征点深度对齐,这样处理后,其他数据也就整体在深度上对齐了。

另外也可以利用相关函数法来判断两条曲线深度的一致性,因为同一口井的不同测井曲线之间往往具有类似的变化特征,有较强的特性相关性。

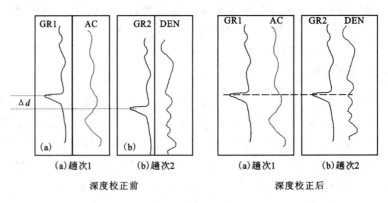

图 2-1 利用深度控制曲线(GR 曲线)进行深度校正示意图

三、测井曲线的压缩和伸展

对测井曲线的某些层段的深度进行压缩或扩展,就是所谓的深度平差。例如,对比曲线 C_2 的某一组段的底、顶深度间隔 $d_{22}-d_{21}$ 大于基准曲线 C_1 同一组段间的深度间隔 $d_{12}-d_{11}$,即 $\frac{d_{22}-d_{21}}{d_{12}-d_{11}}>1$,这时就需要将 d_{22} 和 d_{21} 之间的测井数据压缩到与 d_{12} 和 d_{11} 相同的深度间隔内;反之,对于 $\frac{d_{22}-d_{21}}{d_{12}-d_{11}}<1$ 的情况,就要将对比曲线 C_2 的这段测井数据,通过增大采样间隔的办法,将曲线进行扩展拉长。

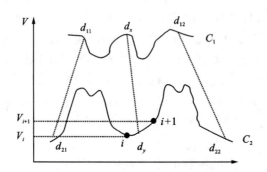

图 2-2 测井曲线压缩示意图

以深度压缩为例说明。如图 2-2 所示,曲线 C_1 为基准曲线,曲线 C_2 为对比曲线,V 为曲线幅值。

(1)首先在曲线 C_2 上找出与曲线 C_1 上的任一深度点 d_x 对应的深度 d_y:

$$\frac{d_x-d_{11}}{d_{12}-d_{11}}=\frac{d_y-d_{21}}{d_{22}-d_{21}} \tag{2-3}$$

$$d_y=d_{21}+\frac{d_{22}-d_{21}}{d_{12}-d_{11}}(d_x-d_{11}) \tag{2-4}$$

(2)根据计算的深度点 d_y,从曲线 C_2 的测井数据中找出点 d_y 前后相邻的采样点 i、$i+1$ 对应的测井值 V_i、V_{i+1},利用线性插值的方法求出点 d_y 的测井值 V_y:

$$\frac{V_y - V_i}{d_y - d_i} = \frac{V_{i+1} - V_i}{d_{i+1} - d_i} \qquad (2-5)$$

$$V_y = V_i + \frac{d_y - d_i}{d_{i+1} - d_i}(V_{i+1} - V_i) \qquad (2-6)$$

(3)逐次移动 d_x,并根据式(2-4)、式(2-6)依次求出不同深度的 d_y、V_y。这样就实现了这段测井数据的压缩计算。

图 2-3 为深度校正后的电阻率曲线示例。

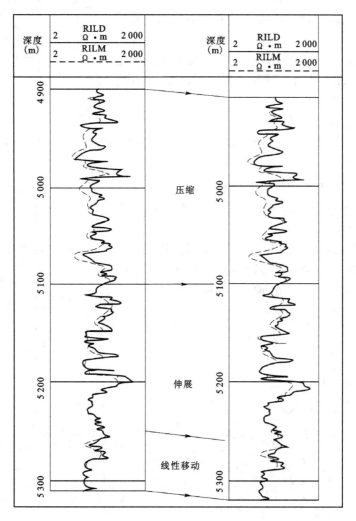

图 2-3 深度校正后的电阻率曲线示例

四、井斜的校正

对于倾斜井来说,测井得到的井深度并不是垂直方向上的深度,而是钻孔轨迹距离井口的路径长度。这时候测井得到的深度并不是地层的真实埋深,必须把钻孔轨迹投影到井口的垂线上才能得到地层的真实埋深。

图 2-4 中 O 点为井口，OAB 为钻孔轨迹，$OA'B'$ 为井口垂线。由于井眼倾斜，测井深度 OA 比钻孔的实际垂向深度 OA' 要大一些，可以根据钻孔的倾斜角数据计算出 OA' 的深度，也就是 A 点地层的垂向深度。

结合井斜测井、地层倾角测井或成像测井资料，利用斜井校正程序可将定向斜井的测井曲线校正为直井曲线，以获得地层的真垂直井深度、真垂直厚度、南北位移和东西位移等信息，这对于用测井信息进行地层对比和油藏描述都有重要意义。

斜井校正的方法，是把斜井按井斜角的变化情况分为若干段，把每个井段上井斜角的变比率视为常数，并且假设最上部的井段是垂直的。

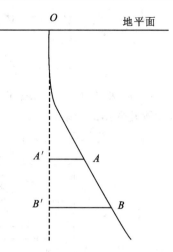

图 2-4 倾斜井测井深度的校正

校正的具体步骤如下：

(1) 如图 2-5 所示，在点 A 之上选一个参考点，设其垂直深度为 H_0，斜井深度为 h_0，井斜角为 θ_0，参考点之上有 $H_0=h_0$。

(2) 计算点 A 的垂直深度 H_1，井斜角为 θ_1，若点 A 的斜井深度 h_1 与参考点的 h_0 之差近似等于垂直深度差，即有 $H_1-H_0=h_1-h_0$。

(3) 计算点 B 的垂直深度 H_2，在 AB 井段上取一小段 dh，并视其为直线，相应的垂直段距离为 dH。设井段 AB 的井斜角 θ_2 的变化率为一常数，即 $d\theta/dh=$ 常数，有

$$\frac{d\theta}{dh}=\frac{\theta_2-\theta_1}{h_2-h_1} \qquad (2-7)$$

$$dh=\frac{h_2-h_1}{\theta_2-\theta_1}d\theta \qquad (2-8)$$

$$dH=dh\cos\theta \qquad (2-9)$$

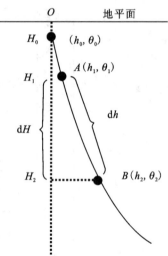

图 2-5 斜井深度校正示意图

因此 AB 间的垂直井段为：

$$\begin{aligned}
H_2-H_1 &= \int_{H_1}^{H_2}dH=\int_{h_1}^{h_2}\cos\theta dh \\
&= \frac{h_2-h_1}{\theta_2-\theta_1}\int_{\theta_1}^{\theta_2}\cos\theta d\theta \\
&= \frac{h_2-h_1}{\theta_2-\theta_1}(\sin\theta_2-\sin\theta_1)
\end{aligned} \qquad (2-10)$$

斜井校正主要实现曲线的倾斜校正和相关斜井参数计算，并绘制各种斜井校正图件，具有以下特点：快速直观地实现斜井数据校正处理，能按指定深度间隔（一般 25m）形成表格，显示深度、井斜角、方位角和各种计算参数数据；能计算垂直深度、东西位移、南北位移、水平位移、闭合方位和狗腿度等参数；能够绘制井眼俯视图、东西侧视图、南北侧视图、深度偏移图和空间立体图等图件。图 2-6 所示为某井的三维井眼轨迹图。

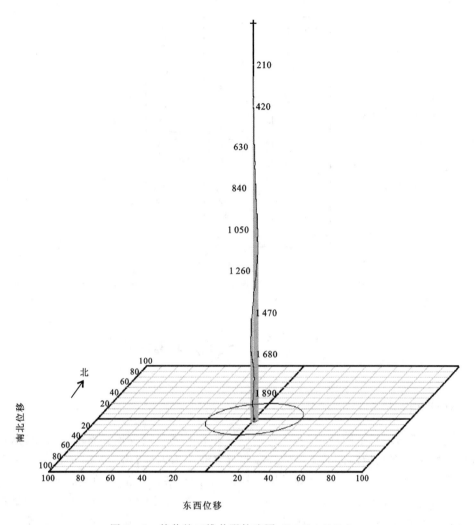

图 2-6 某井的三维井眼轨迹图(图中数字单位为 m)

五、曲线拼接

深井通常要分为多个开次进行钻井、测井及固井作业等。所以对于一口深井来说,测井资料可能是在几个不同深度段上分几次采集而成的。因此,不同趟次的测井曲线如果深度一致,则可以直接拼接起来使用。如果深度存在不一致,则需要先进行深度校正,再进行曲线拼接。

曲线拼接是数据预处理中常用的工具之一。由于多次完井或同一次完井的多次测量,或为了去掉仪器遇阻、遇卡的井段,需要将多次测量的数据进行拼接,最后形成一条完整的测井曲线。

拼接时,可在绘图窗口内的两条测井曲线间交互式进行深度的移动和选择拼接点,也可在编辑框中直接输入拼接深度点,同时还可根据需要设置批次拼接曲线(即按相同的拼接点拼接其他曲线)。

图 2-7 所示是利用曲线重复段的特征值把两个不同趟次的测量曲线拼接为一条曲线。

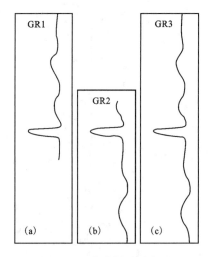

图2-7 曲线拼接示意图
(a)第一趟次测井曲线;(b)第二趟次测井曲线;(c)两个趟次测井曲线拼接后的结果

第二节 数据处理

一、平滑滤波

核衰变、中子与原子核的作用,伽马光子与核外电子的作用等均具有随机性质,从而导致核测井曲线出现许多与地层性质无关的统计起伏变化。有时候,由于某种原因使某些测井曲线会出现许多与地层性质无关的毛刺干扰。例如,有的碳酸盐岩剖面的声波曲线也出现许多毛刺。显然,用这些具有统计起伏或毛刺干扰的测井曲线作数据处理,计算的地质参数就会有很大的误差甚至根本不能应用。因此,必须设法把这些与地层性质无关的统计起伏和毛刺干扰滤掉,只保留曲线中反映地层特性的有用成分。

带有统计起伏与毛刺干扰的测井曲线具有两种成分:短周期的干扰信号,它具有随机性质,与地层性质无关;较长周期的有用信息,它是反映地层性质的趋势成分。为此,可采用滑动平均数字滤波法来实现这个要求。这种方法就是在当前采样点前、后分别连续地取 m 个采样点数据,选用适当的滑动平均法,用 $(2m+1)$ 个采样点值(包括当前采样点值在内),依次地计算出全部采样点的滑动平均值,便可消除毛刺干扰,获得一条只反映地层性质的光滑曲线。

实质上,这种平滑滤波法就是对有干扰的曲线作低通滤波。根据测井曲线的核统计起伏变化或毛刺干扰情况,可选用适当的滑动平均法。例如,用五点钟形函数法和五点二次函数平滑法来进行平滑滤波处理(图2-8)。

五点钟形函数法的公式为:
$$\overline{T}_i = 0.11(T_{i-2}+T_{i+2})+0.24(T_{i-1}+T_{i+1})+0.3T_i \tag{2-11}$$

五点二次函数平滑法的公式为:
$$\overline{T}_i = \frac{1}{35}[-3(T_{i-2}+T_{i+2})+12(T_{i-1}+T_{i+1})+17T_i] \tag{2-12}$$

式中，T_i、$\overline{T_i}$ 分别为当前点的测井值与滑动平均值；T_{i-1}、T_{i+1} 分别为当前点前、后一点的测井值；T_{i-2}、T_{i+2} 分别为当前点前、后二点的测井值。

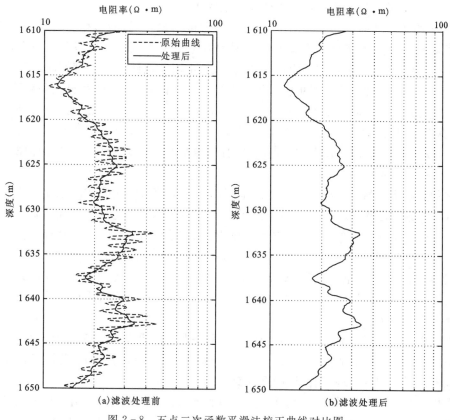

图 2-8　五点二次函数平滑法校正曲线对比图

二、环境校正

在测井资料解释之前，首先要对测井曲线进行环境校正，使曲线质量能够得到可靠的保障，为储层参数的计算奠定基础。井径、泥浆密度与矿化度、泥饼、泥浆侵入带、井壁粗糙度、压力与温度、仪器外径以及围岩、间隙距离等非地层环境因素对测井曲线产生非常重要的影响；在泥浆条件和井眼质量不好的情况下，这些非地质因素会使测井曲线发生严重的歪曲，导致直接用这些测井曲线难以取得较好的测井解释结果。为了保证计算储层参数的精度，有必要对这些测井曲线进行环境校正。

环境影响是指如井孔直径、泥浆、岩层厚度、围岩以及泥饼和侵入带等的影响。不同测井方法，各自受影响的程度却不一样，这主要与仪器的探测深度及探测目的有关。测井仪器在井眼环境下进行测量，其响应主要来自井眼及其周围地层的贡献，每种测井曲线都不可避免地要受到井眼、泥浆、井斜和围岩等环境因素的影响，使得测井数据不能完整、准确地反映所探测的地层信息。

井眼影响主要指井径（扩径）、井眼几何形状，如井眼不规则、螺旋形井眼、椭圆形井眼以及井壁坍塌等，而且泥浆和井眼的影响往往是交织在一起的。

贴井壁探测的仪器,井孔及围岩的影响几乎可忽略不计,主要考虑泥饼的影响;聚流测井及井眼补偿测井方法,井孔的影响相对较小,主要考虑层厚及侵入带的影响;使用一般的测井方法时,这些影响均不同程度地使测井曲线发生畸变。

例如,在井眼严重扩径条件下,自然伽马曲线幅度明显偏低,能谱测井的铀、钍、钾曲线幅度也明显降低,密度曲线数值大大减小,声波曲线出现显著的周波跳跃或数值增大,中子孔隙度也增大,微电极曲线在渗透层处出现反常的显示,电阻率曲线出现程度不同的降低,尤其是浅探测视电阻率曲线幅度降低得更明显等。在严重扩径的井眼中,往往出现井眼几何形状极不规则、井壁凹凸不平、测井仪器常常遇卡,贴井壁仪器与井壁接触很差,导致测井曲线严重畸变,不能真实反映地层性质。

此外,仪器居中与偏心、仪器与井壁间的间隙、仪器贴井壁装置与井壁接触情况对某些仪器的测井响应也有重要影响。

泥浆的影响主要指井内泥浆的密度、电阻率、矿化度、添加剂(重晶石、氯化钾等)、泥饼和泥浆侵入等非地层因素,以及由于泥浆浸泡引起邻近井壁部分的地层的物理性质发生变化。

泥浆性能对测井数据也有严重的影响,当用盐水泥浆钻井时,由于井眼内高电导率泥浆在井轴方向的分流作用,导致测量的视电阻率明显降低,形成的低电阻率侵入带更导致视电阻率偏低,在泥浆侵入程度严重时,可能造成油气层呈低电阻率显示,导致油气层评价失误;当泥浆滤液电阻率(R_{mf})与地层水电阻率(R_w)接近时,储层自然电位(SP)曲线几乎呈直线显示,失去了区分渗透层的能力。

当泥浆中含有大量重晶石时,会使岩性密度测井曲线严重失真,特别是具有良好鉴别地层岩性能力的有效光电吸收截面指数(Pe)曲线严重畸变,无法应用。同时,若泥浆密度过大,也易造成仪器严重遇卡,导致所测曲线严重畸变。

当采用氯化钾泥浆时,钾盐将使自然伽马和能谱测井中的钾曲线数值明显偏大,造成不能真实反映地层的自然放射性;泥浆中氯离子又会造成中子测井曲线发生明显的畸变。实践表明,水基泥浆的浸泡引起泥岩的蚀变和井径扩大,会使测量的声波时差和中子孔隙度明显增大,密度值明显偏低。因此,泥浆性能对测井数据采集起着至关重要的作用。当采用不适当的泥浆时,在井眼条件很差的情况下会造成测井仪器的遇阻、遇卡,导致测井曲线严重畸变,不能真实地反映地层及孔隙流体的性质,不能有效地用于油气层解释。

对于许多测井仪器来说,围岩对目的层测井响应的影响也很明显。特别是深探测仪器在探测薄层的时候更是如此。因此,对任何一种测井方法都存在着环境影响,只不过是由于探测机制与传感器不同,所受的影响在性质和程度上有所相同。

例如,浅探测仪器受井眼条件的影响明显大于深探测仪器,围岩对浅探测仪器的影响又明显小于深探测仪器;非贴井壁的测井仪器受井内泥浆的影响,远大于带推靠器的测井仪器。

尽管许多测井仪器在设计时都考虑了如何尽量克服或减小环境影响问题,但仍不能达到完全消除的目标。因此,在用计算机对测井数据作定量计算之前,均须对原始测井曲线进行必要的和适当的环境影响校正,使校正后的测井曲线尽可能真实地反映地层及孔隙流体的性质,从而确保测井解释与地质分析的精度。

在油田的实际应用中,对测井曲线进行环境影响校正的方法主要是图版法或图版公式化,前者用于手工分析,后者用于计算机数据处理,一般根据所用仪器的类型及具体条件来选择。这些图版一般是通过实验室或模型井模拟不同环境条件作出的,主要有自然伽马井眼影响校正图版、微电阻率测井泥饼影响校正图版、侧向或感应测井的井孔、层厚及侵入带校正图版、补偿中子测井的井径和泥浆密度校正图版以及密度测井的井径校正图版等。不同测井公司研制的仪器,由于探测特性、传感器组合与几何尺寸以及线路设计等方面存在差异,环境影响校正图版也不完全相同,在使用时需加以考虑和选择。现在一般均采用专门的校正程序,用计算机来进行测井曲线的环境影响校正。国外的斯伦贝谢、贝克休斯和哈里伯顿等公司均制作了与其仪器相配套的解释图版,也有成套的测井曲线环境影响校正软件。近年来,我国石油企业和相关科研院所也相继开发出适应于从国外引进仪器和国产仪器的环境校正软件。

应当指出,尽管目前已有成套的解释图版及环境影响校正软件,由于地质与井眼情况复杂,各种环境影响的随机性和复杂性致使应用这些图版和公式进行环境影响校正时,难以取得良好的效果。特别是,某些测井曲线以及围岩和泥浆侵入等因素的影响校正,至今尚未很好地解决。另外,生产单位用于环境影响校正的图版及校正公式都是针对各公司测井仪器特性与模拟不同环境条件研制出来的,都有一定的适用范围。因此,在使用解释图版和校正公式时,应根据所用仪器的类型及具体条件来选择相应的解释图版和校正公式以及合理的参数,才能获得最佳的校正效果。

(一)声波、密度测井曲线环境校正

1. 测井曲线的影响因素分析

当井径不规则时,在测井曲线上会出现不是由于岩层声速变化而引起的异常。所以不良的井眼环境,例如扩径、井眼不规则、井壁坍塌等对测井质量往往会造成一定的影响。

密度测井记录地层散射伽马射线的强度,主要与岩层矿物成分的密度相关。在井径扩大处或井眼不规则的地方,密度测井值会明显减小,使其数值趋向于泥浆的密度值而导致测量的地层密度值失真。密度测井仪器均是贴井壁的测井仪器,受井壁垮塌的程度影响较大。

2. 声波时差测井曲线环境校正

目前使用的井眼补偿声波测井仪对井眼影响有较强的补偿作用。一般来说,在声波时差、密度与中子测井几种曲线中,声波时差测井曲线受井径影响较小。泥浆的声波时差比地层的声波时差大得多,当扩径严重或井壁不规则时,声波时差 Δt 明显增大,为此需校正,其校正公式可采用下式:

$$AC_c = AC - X \times [(CAL - RCAL)/12] \times 168 \tag{2-13}$$

当 CAL>RCAL 时,认为井壁发生坍塌,需要采用式(2-13)校正。

当 CAL<RCAL 时,认为不需要校正,则 $AC_c = AC$。

式中,AC、AC_c 分别为校正前、后的声波时差值;RCAL 为解释井段的理论井径;CAL 为解释井段的实际井径;X 为校正系数。对于校正系数 X,需要根据实际情况确定,以校正后的数值在理论范围内为宜,实际应用时要选择典型井的数据试算并在验证结果合理后,选择相应的参数。

3. 密度测井曲线环境校正

密度测井记录的是地层散射伽马强度,主要用于测量地层的体积密度 ρ_b 和计算地层孔隙

度。泥浆的密度低于地层的密度,当井径扩大时,使实际测到的密度值偏小,为此可以采用逐点检验和校正的方法来消除这种影响,其校正公式可采用下式:

当 $300\text{mm} < \text{CAL} < 350\text{mm}$ 时,$\text{DEN}_c = \text{DEN}_{12}$ \hfill (2-14)

当 $\text{CAL} = 300\text{mm}$ 时,$\text{DEN}_c = \text{DEN}_2$ \hfill (2-15)

当 $250\text{mm} < \text{CAL} < 300\text{mm}$ 时,$\text{DEN}_c = \text{DEN}_{23}$ \hfill (2-16)

当 $\text{CAL} = 250\text{mm}$ 时,$\text{DEN}_c = \text{DEN}_3$ \hfill (2-17)

当 $200\text{mm} < \text{CAL} < 250\text{mm}$ 时,$\text{DEN}_c = \text{DEN}_{34}$ \hfill (2-18)

当 $\text{CAL} = 200\text{mm}$ 时,$\text{DEN}_c = \text{DEN}_4$ \hfill (2-19)

式中,CAL 为井径;DEN、DEN_c 分别为经校正前、后的密度测井曲线值。

$$\text{DEN}_1 = -0.0894 + 1.0472 \times \text{DEN} \tag{2-20}$$

$$\text{DEN}_2 = -0.07514 + 1.03968 \times \text{DEN} \tag{2-21}$$

$$\text{DEN}_3 = -0.04602 + 1.02423 \times \text{DEN} \tag{2-22}$$

$$\text{DEN}_4 = -0.00266 + 1.0133 \times \text{DEN} \tag{2-23}$$

$$\text{DEN}_{12} = \text{DEN}_2 \times \frac{(350 - \text{CAL})}{(350 - 300)} + \text{DEN}_1 \times \frac{(\text{CAL} - 300)}{(350 - 300)} \tag{2-24}$$

$$\text{DEN}_{23} = \text{DEN}_3 \times \frac{(300 - \text{CAL})}{(300 - 250)} + \text{DEN}_2 \times \frac{(\text{CAL} - 250)}{(300 - 250)} \tag{2-25}$$

$$\text{DEN}_{34} = \text{DEN}_4 \times \frac{(250 - \text{CAL})}{(250 - 200)} + \text{DEN}_3 \times \frac{(\text{CAL} - 200)}{(250 - 200)} \tag{2-26}$$

通过以上方法校正后的声波及密度曲线效果如图 2-9 所示。可以看到井径增大的井段声波校正后数值减小,密度校正后数值增大,井径的影响得到了一定的补偿。

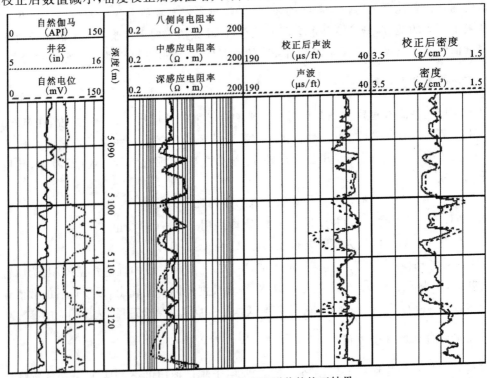

图 2-9 某井声波和密度测井的校正结果

（二）自然伽马和中子孔隙度曲线的井眼校正

1. 自然伽马测井曲线校正

自然伽马测井（GR）是测量地层自然伽马射线强度的方法，它主要用于确定地层放射性强度、划分地层及计算地层的泥质含量等，是一种重要的测井方法。通常，泥浆的放射性不同于地层的放射性，在一般情况下，泥浆的自然伽马强度远低于地层的自然伽马强度。泥浆的密度越大，井径扩大，相当于井内径向泥浆层厚度变大，则泥浆的影响就越明显。在井孔扩大时，自然伽马测井值明显降低。因此，有必要对自然伽马测井曲线进行井眼校正。

式（2-27）是裸眼井 GR 测井曲线井径校正图版经回归分析得到的校正公式：

$$GR_c = A \times GR \times e^{[0.026B \times \rho_m(d-d_i)-0.3958]} \tag{2-27}$$

式中，GR_c、GR 分别为经过校正和未校正的自然伽马测井值；d 为井径（cm）；d_i 为仪器直径（cm）；ρ_m 为泥浆密度（g/cm³）；A 为与仪器直径（d_i）有关的系数，取值见表 2-1；B 为与仪器在井内居中情况有关的系数，仪器在井内居中时，$B=1$；仪器偏心时，$B=0.697$。

表 2-1　GR 校正参数选择表

d_i	A
4.29cm(1-11/16in)	0.92
5.08cm(2 in)	0.95
9.21cm(3-5/8in)	1.00
9.84cm(3-7/8in)	1.05

2. 中子孔隙度测井曲线的井眼校正

补偿中子测井（CNL）测量的是由快中子源在地层中扩散形成的热中子计数率，反映地层的含氢量，主要用于判断岩性、计算地层孔隙度，在有利条件下，配合其他测井方法可划分油、气、水层。

补偿中子测井仪是在井径为 7in（约 17.8cm）的纯石灰岩裸眼井中刻度的，当井径扩大时仪器与地层间的泥浆层增厚，泥浆对测量结果影响增大。通常，泥浆的含氢指数高，因此在扩径时测到的视中子孔隙度大于地层的实际中子孔隙度；反之，当井径 $d<20$cm 时，则稍微大于实际的中子孔隙度。

可以根据下面几组经验公式对中子孔隙度测井曲线进行井径和泥浆的校正：

（1）当 $d \leqslant 20$cm 时：

$$CNL_c = CNL - (d-20)(CNL+38)/112 \tag{2-28}$$

当 $d > 20$cm 时：

$$CNL_c = \frac{37}{38}(CNL-2) - 0.0079(CNL+27.3365)(d-25) \tag{2-29}$$

（2）当 $CNL \geqslant 20\%$ 时：

$$CNL_c = CNL + 0.2(CNL-20)(\rho_m-1) \tag{2-30}$$

当 CNL<20% 时：
$$CNL_c = CNL \qquad (2-31)$$

图 2-10 给出了某井自然伽马和中子孔隙度测井曲线的校正效果。

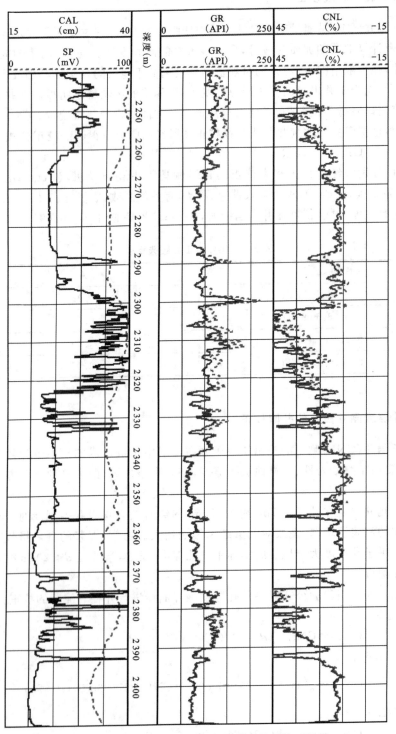

图 2-10　某井自然伽马和中子测井曲线的校正结果

3. 自然电位曲线的泥岩基线偏移校正

利用自然电位测井曲线 SP 来计算地层泥质含量时,需要选择泥岩基线作为纯泥岩层的参考值。但是由于不同深度段地层水矿化度、温度等因素的差异,泥岩基线可能会发生较大的偏移(图 2-11)。这就会导致计算出的泥质含量不准确。所以有时候就需要先对自然电位曲线进行泥岩基线偏移校正。

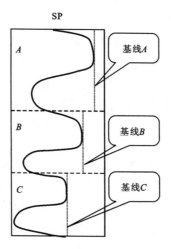

图 2-11 泥岩基线偏移示意图

图 2-11 表明在 A、B、C 三个井段上,泥岩基线(纯泥岩层的 SP 值)是不一样的。一种校正的方法就是分别把井段 B 和井段 C 的 SP 曲线向右平移,使得基线 B 和基线 C 与基线 A 保持一致。

图 2-12 是某区块两口井实际测量的自然电位曲线进行泥岩基线偏移校正的示例。

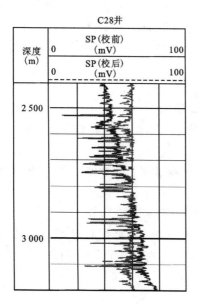 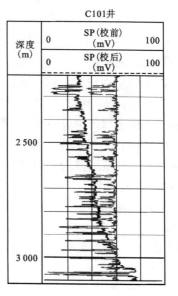

图 2-12 自然电位测井进行泥岩基线偏移校正的示例

三、标准化

原始测井数据的误差除了环境因素的影响之外,还会由仪器刻度的不精确性、仪器型号与新旧程度的差异以及操作方式不当等因素造成。这种误差一般属于系统误差,在进行单井测井解释,特别是多井测井分析时必须考虑。消除这种误差的工作称为测井曲线的标准化,它使经过环境影响校正后的某种测井数据,在整个油区或油田范围内,性质相同的地层具有基本相同的测井响应特征。

人们在应用中发现,测井资料越多,测井资料的统一刻度,即标准化或归一化问题就越突出。一是刻度好的仪器不可能完全保证在运输和井下复杂条件下不改变性能;二是很难保证在某一地区所有井的测井曲线采用同一型号的仪器、相同的标准刻度以及统一的操作方式进行测量。因此,测井曲线存在非地层特性引起的量值变化和误差。为了消除这些变化和误差,在多井测井资料解释和油藏描述工作前,需要对测井曲线进行标准化处理。

为此,可在油田范围内选择一定数量的关键井并确定标准层,然后将处理井的测井数据分布与关键井的相应数据的分布进行比较,以确定两者的相关性和差异程度,进而求出校正所需的一组转换值。

测井曲线的标准化是多井测井评价和油藏描述的关键技术之一。目前常用的方法是直方图对比法。它首先建立油田关键井内标准层段数据直方图的标准模式;然后对处理井的相应层段作同类型直方图,并与标准模式进行对比,若两者重合较差,说明存在系统误差;最后通过图形重叠移动读出两者的差值再对误差曲线进行系统校正。

需要指出,这种方法是建立在油田范围内标准层沉积稳定、厚度及岩性变化不大,且测井响应特征横向基本不变的基础之上,在多数情况下较难得到满足。于是,可采用趋势面分析方法对测井曲线进行标准化处理。这种方法假定反映地层区域变化特性的测井响应值在空间上将表现为某种自然趋势,因而可将其描绘成一种数字曲面,称为趋势面。应用趋势面分析方法可以根据一定数量井的数据做出某一标准层真实测井响应值空间分布的最佳拟合,而当实测标准层的测井响应值偏离趋势值时,即可求出差值对其进行校正。当然,无论哪种标准化方法,都很难对复杂的地质情况做出确切描述,因此充分发挥地质学家的经验和判断力仍十分重要。

标准层法测井资料标准化的步骤一般为:

(1)选择全区比较稳定的泥岩或者页岩层作为标准层(图2-13)。

(2)提取所有井标准层的测井特征值(如平均值)。

(3)统计所有井标准层的测井特征值,进而确定标准层的测井特征值,基于标准层的测井特征值便构成一口虚拟井。

(4)用实际井标准层的测井特征值减去虚拟井标准层的测井特征值,就得到该实际井的标准化校正值(图2-14)。

(5)根据每一口井的标准化校正值对测井曲线进行标准化校正。

以鄂尔多斯盆地某区块为例,对比发现延7组中部的泥岩层相对更加稳定,所以选取延7组中部的泥岩层作为标准层,如图2-13所示,延7组中部的泥岩层厚度较大,测井响应稳定,是一个理想的标准层。

图 2-14 通过直方图重叠法,可以求取测井曲线的标准化校正值,然后实现井间测井资料的标准化处理。

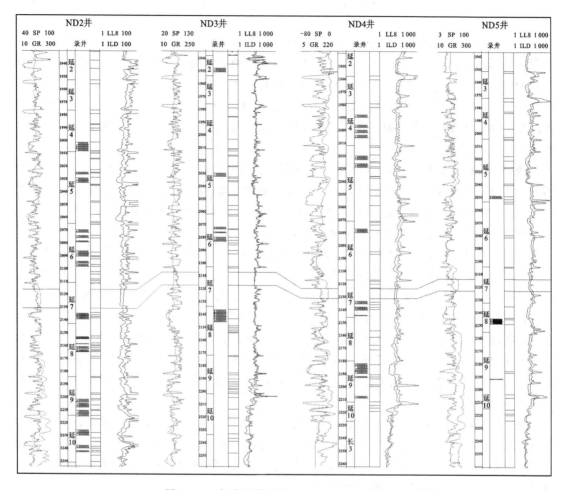

图 2-13 标准层的选取(例如延 7 组中部泥岩层)

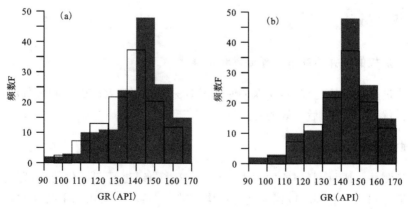

图 2-14 自然伽马标准化校正直方图示意图
(a)标准化之前;(b)标准化之后
(灰色直方图为标准井的测井值分布,框线直方图为处理井的测井值分布)

第三节 测井曲线重构

所谓测井曲线构建或重构,即是利用资料中已存在的测井曲线和未知曲线之间的关系来预测出未知曲线的方法。由于不同测井曲线是用不同的地球物理方法探测同一个地质目标所得到的结果,尽管这些结果是不同的物理响应,但它们所反映的是同一个地质体,它们之间必然有一种内在的关系,这种关系不是简单的线性关系而往往是非线性映射,声波测井曲线与其他的测井曲线就存在着某种确定性或统计性的关系,而这种统计关系就给物性曲线的重构带来可能。

例如在煤层气井的研究中,大多数井没有测量横波测井资料,这给岩石力学参数计算及预测带来不便。现有横波时差估算方法研究成果集中在常规砂泥岩地层,由于煤储层地质条件、声学特性与常规砂泥岩地层截然不同,在常规测井资料中通常缺乏地层横波速度,利用常规测井资料构建煤储层相应的横波速度是非常有意义的。

另一方面,随着储层预测及反演对所用的声波测井资料的要求,由于地下储层具有非均质性强、储集空间复杂、控制因素多等特点,导致储层与围岩之间的差异很小,储层的地球物理响应特征不稳定、不明显。此外,在很多情况下,由于井筒污染、地层压实程度以及测井条件等因素的影响,用来进行地震地质层位标定和波阻抗反演的声波时差测井曲线难以反映岩性变化,尤其是在薄片层的情况下,导致波阻抗反演效果差,不能准确地预测有效储层的分布状况。为解决这些问题,可根据储层的特征,充分利用现有的其他测井资料,对声波时差测井曲线进行曲线重构,以突出储层与围岩的速度差异,提高地震反演的分辨率,使波阻抗反演对储层描述的能力显著提高。

根据研究区内测井数据的实际情况和地层特征,可以采用基于多条测井曲线的多曲线加权系数法来重构声波时差曲线。该方法能比较好地保留原声波时差曲线的时深关系,也能比较好地突显储层特征。在参与重构曲线的选取上,一般选择对地层特性比较敏感的、能比较好地直接反映地层特征的测井曲线进行重构。

一、加权系数法

1. 对参与加权的测井曲线进行预处理和标准化

在对曲线进行处理的过程中,应保持原曲线时深关系不变,使在重构时声波时差曲线的地质背景得以保留,加强重构后曲线的可用性。

2. 测井曲线的归一化处理

为了使各测井曲线量纲、幅值的大小一致,对这些曲线进行归一化处理,即将每口井的曲线数值范围规范到[0,1]区间,以保证其对重构贡献的一致性,采用如下公式对各曲线进行归一化:

$$C_j = \frac{C_i - C_{\min}}{C_{\max} - C_{\min}} \quad i,j = 0,1,2,\cdots,n \tag{2-32}$$

式中,C_j 为归一化后曲线各点样值;C_i 为原曲线各点样值;C_{max} 为该条测井曲线的最大值;C_{min} 为该条测井曲线的最小值。

3. 加权处理

不同曲线对地层特征的贡献程度不一样,所以从研究区的实际情况考虑,不同的曲线设置不同的加权系数 K_j,并对每条曲线进行加权处理:

$$C_{加j} = K_j(\overline{C_j} - C_j) \tag{2-33}$$

式中,$\overline{C_j}$ 为相应的测井曲线归一化后的平均值。

利用第一条曲线的 $C_{加j}$ 对声波时差(AC)进行相乘加权,然后再用第二条曲线对上一次的加权结果进行加权处理,如此迭代,最后所得结果就是重构的声波曲线。

加权系数的确定:不同曲线的加权系数取决于不同曲线对地层特征的贡献程度,这里从实际结果出发,要最大限度地使重构后的声波时差曲线能综合反映出地层特征,采用控制变量法来确定不同曲线的加权系数。首先,我们用相同且较小的加权系数来对如密度、自然伽马和电阻率 3 条测井曲线进行加权处理并且对声波时差曲线进行重构。然后,在这个基础上,控制两条曲线的加权系数不变,增大另外一条曲线的加权系数,同时观察重构之后的声波时差曲线的变化,若重构后的声波时差曲线已经不能反映出改变系数的两条曲线特征时,证明变量系数已经不合理,以此来确定系数的选取范围。

二、统计拟合法

以横波时差曲线重构为例,结合地层特性,选取几种敏感参数建立拟合方程,通常为多元线性方程,系数待定。

通过在研究区选已测量有横波时差的井数据,再选取几种对地层特性敏感的参数,例如密度、声波时差、自然伽马、深探测电阻率 4 种测井参数,进行多元拟合,就可以拟合得到横波时差。

如对于某煤层气井重构横波时差的拟合方程(实例见图 2-15):

$$\text{DTS} = -28.032\ 8 \times \text{DEN} + 2.757\ 5 \times \text{DT} + 0.252\ 4 \times \text{GR} + 0.302\ 2 \times \text{RD} - 17.781\ 1$$
$$(R^2 = 0.881\ 4) \tag{2-34}$$

式中,DTS 为横波时差;DEN 为补偿密度测井;DT 为声波时差;GR 为自然伽马;RD 为深侧向电阻率。

类似的,对于某些井由于一些原因缺少相关测井数据的情况,也可采用前述的相关方法进行测井曲线重构。如密度曲线和中子孔隙度曲线是储层测井评价与岩石物理建模不可或缺的测井参数之一,但由于井况、施工条件等因素,没有采集到合适的数据,这种特殊情况下,可以采用相关的方法进行曲线重构,主要是选取研究区内与密度曲线、中子孔隙度曲线相关性较好的测井曲线数据,选择适当的参数来进行拟合。由于密度测井、中子测井是反映岩性的重要数据,所以可以选择同样比较好的且能反映岩性的测井曲线对密度曲线、中子孔隙度曲线的拟合,如选择声波时差曲线 AC 和深探测电阻率曲线 RT 来对密度曲线 DEN 和中子孔隙度曲线 CNL 进行重构,拟合公式如下:

$$\text{DEN} = a_1 \times \text{AC} + b_1 \times \text{RT} + c_1 \tag{2-35}$$

$$CNL = a_2 \times AC + b_2 \times RT + c_2 \qquad (2-36)$$

式中,$a_1, b_1, c_1, a_2, b_2, c_2$ 均为统计回归系数。

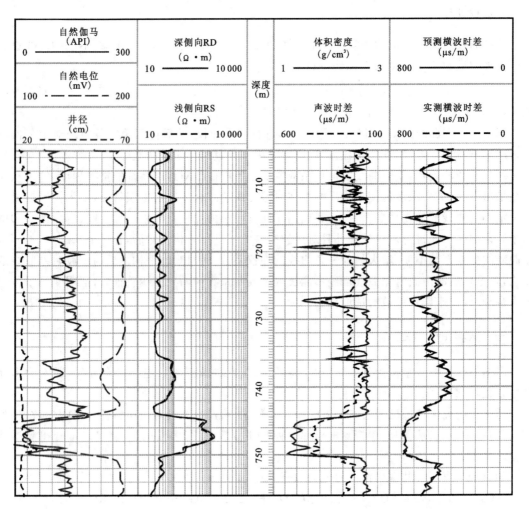

图 2-15 某煤层气井横波时差曲线重构结果

第三章 储层测井参数计算及解释方法

人们十分重视研究测井信息与地层特性之间的定性与定量关系,其中最直接、最基本的方法是建立岩石物理模型或利用岩芯、岩屑及生产测试等实际资料与测井数据建立某种定性与定量联系,从而赋予测井信息某种直接的地质意义。另外,测井信息本身一般只是对地质特征的一种非直接反映,这种间接性所带来的模糊性以及自身所隐含的多解性成为测井资料地质分析中的难题。如何通过推理、演绎和还原过程获得尽可能精确的解答,是测井数据处理重要的任务。

通过用单一或组合测井曲线的形式,建立多种实用模型或一系列相应的经验表达式便可直接描述特定的地质现象、储集岩特性和含流体性质等。计算机技术的广泛应用,把测井数据处理工作推向一个新的阶段。各种解释模式的积累和地质-地球物理解释模型的建立,以及多种演化形式的数学模型的产生,为测井数据处理与分析的定量化开辟了简便而有效的途径。

石油和天然气储藏在地下具有连通的孔隙、裂缝或孔洞的岩石中,这些具有连通性的空隙,既能储存油、气、水,又能让油、气、水在岩石空隙中流动的岩层,称为储集层。用测井资料划分井孔剖面的岩性和储集层,评价储集层的岩性(矿物成分和泥质含量)、物性(孔隙度和渗透率)、含油性(含油气饱和度和含水饱和度)、油气层有效厚度、生产价值(预期产油、气、水的情况)和生产情况(实际产油、气、水的情况及生产过程中储集层的变化),估算油气层的束缚水饱和度、相对渗透率等,称为地层评价。

反映储集层性质的基本参数有骨架成分和含量、孔隙度、渗透率、储集层厚度等,是测井解释的主要任务之一。储层测井参数计算及解释是测井学科的主要目标,本章主要针对储层基本参数(如孔隙度、渗透率、饱和度等)的计算方法和最常用的测井解释程序展开叙述。

第一节 地层岩性的测井识别

密度测井、中子测井和声波测井的测量不仅依赖于孔隙度,也与地层岩性、孔隙流体类型甚至孔隙结构密切相关。当地层岩性是已知的,也就是骨架参数已知,能够从这些测井曲线中计算得到准确的孔隙度。若地层岩性未知,或者包含多种矿物,孔隙度的准确计算就比较困难,孔隙流体类型对测井响应的影响亦更加复杂。因此,岩性识别是测井解释的首要任务,只有了解岩性特点,才能正确地选择测井解释模型和有关的解释参数。

岩性的测井识别方法主要有两种,一是根据测井曲线特征定性划分,二是利用多种交会图技术确定岩性。

定性划分岩性是人们利用测井曲线的形态特征和读数的相对大小,根据长期生产实践积累的一些规律性的认识(经验)来划分地层岩性的方法。为了定性划分岩性,解释人员必须事先掌握如下基本知识:工区的地质特点,井剖面的岩性特征,层系及岩性组合的关系如何等。表 3-1 列有主要岩性的测井特征。在应用这些特征时,不能等同看待,对于某一种具体岩性,常常只有一两个主要的特点是区别于其他岩性的。

表 3-1 主要岩石的测井特征

测井参数 岩性	声波时差 (μs/m)	体积密度 (g/cm³)	中子孔隙度(%)	自然伽马	自然电位	深电阻率	井径
泥岩	大于 300	2.2~2.7	高值	高值	基值	低值,平直	大于钻头直径
煤	350~450	1.3~1.8	高值,大于 40	低值	异常不明显或很大正异常(无烟煤)	高值,无烟煤最低	大于钻头直径
砂岩	大于 182	2.65	中等	低值,但高于煤	明显异常	低值到中值等	略小于钻头直径
石灰岩	大于 155	2.71	低值	比砂岩低	大片异常	高值	小于或等于钻头直径
白云岩	大于 143	2.87	低值	比砂岩低	大片异常	高值	小于或等于钻头直径
硬石膏	约 164	约 3.0	约等于零	最低	基值	高值	接近钻头直径
石膏	约 171	约 2.3	约 58	最低	基值	高值	接近钻头直径
岩盐	约 200	约 2.1	接近于零	最低,钾盐最高	基值	高值	大于钻头直径

图 3-1 是砂泥岩剖面测井实例图。根据测井曲线特征,可判断图中 1 859~1 865m 段和 1 893~1 901m 段为泥岩,1 865~1 893m 段为砂岩。主要依据为泥岩段的自然伽马值和中子孔隙度值较高,砂岩的自然伽马值为中低值,自然电位与自然伽马也有较好的对应关系。

图 3-2 是煤层及其顶、底板剖面测井实例图。图中 607~609m 段为煤层,判断依据为密度测井值在 1.25g/cm³ 左右,声波时差和中子孔隙度都较高,自然伽马较低,电阻率值偏高。煤层底板 610~620m 为一段泥岩,因为该段自然伽马高值,中子孔隙度也较高。煤层顶板 1 号层声波测井在 50μs/ft 左右,自然伽马较低,电阻率很高,应为碳酸盐岩储层,但具体是石灰岩

还是白云岩还无法确定,可借助交会图图版确定具体岩性(图 3-3)。此外在泥岩段下面(619.5m 以下)也有一段较厚的与其顶板类似的岩性(2、3 号层)。

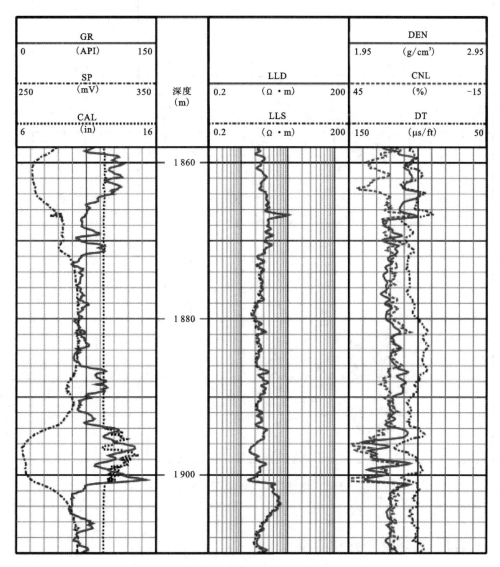

图 3-1 砂泥岩剖面测井实例图

交会图图版是用来表示给定岩性的两种测井参数关系的解释图图版。它们是根据纯岩石的测井响应关系建立的理论图版,是测井解释与数据处理的依据。目前主要有:岩性-孔隙度测井交会图图版,用于识别地层岩性的 $M-N$ 交会图图版等,用于鉴别地层中黏土矿物及其他矿物的交会图图版等。

岩性-孔隙度测井交会图是目前测井资料综合解释中广泛用来研究解释层段的岩性和确定地层孔隙度的交会图。这类交会图主要有中子-密度、中子-声波和声波-密度等交会图。

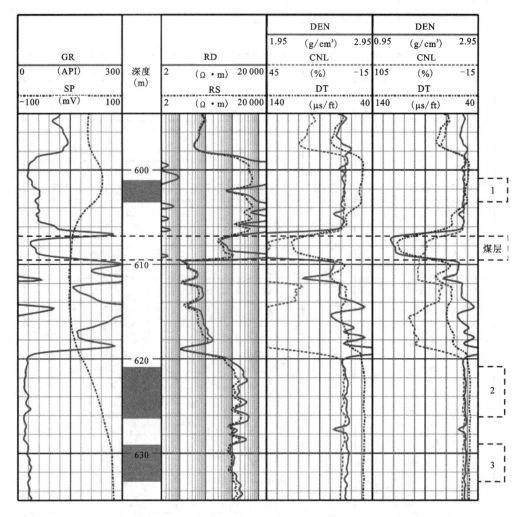

图 3-2 煤层及其顶、底板剖面测井实例图

一、岩性-孔隙度测井交会图

确定岩性和孔隙度的所有交会图解释图版都是对饱和液体的纯地层制作的,井内为淡水泥浆或盐水泥浆,采用含水纯岩石响应方程或响应关系。

图 3-3 为利用中子-密度交会图确定图 3-2 中地层未知岩性,通过测井解释软件,将图 3-2 中 600~635m 之间的 1 号、2 号、3 号 3 个深度段对应的中子和密度测井值投影在中子-密度交会图上,可见数据点落到石灰岩线上及其附近,据此可判断,图 3-2 中煤层顶板以及泥岩段下面的层段地层岩性主要为石灰岩。

图 3-4 所示是一张补偿中子与密度交会图图版,井内为盐水泥浆($\rho_f=1.1\mathrm{g/cm^3}$)。图的纵坐标是体积密度或按纯石灰岩刻度的视石灰岩密度孔隙度,横坐标是按石灰岩刻度的中子测井视石灰岩孔隙度,均作过井眼校正。在图上有 4 条按单一矿物制作的纯岩石线,其中孔隙

度为零的点为骨架点。对每一种纯岩石,依次给定一个孔隙度值,按式(3-1)、式(3-2)计算得到体积密度和补偿中子响应,便可绘出各纯岩石线。

$$\rho_b = \rho_f \phi + \rho_{ma}(1-\phi) \quad (3-1)$$

$$\Phi_{CNL} = \Phi_f \phi + \Phi_{ma}(1-\phi) \quad (3-2)$$

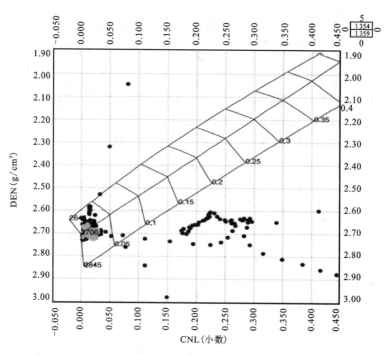

图 3-3 中子-密度交会图确定岩性示例图

由于中子孔隙度测井是对石灰岩刻度的,故只有石灰岩性是线性变化的,其他岩性线都略有弯曲。交会图上的每一条纯岩石线代表孔隙度为各种数值的单矿物岩石,由点的位置确定其孔隙度;任意两条纯岩石线之间,代表由相应的两种矿物组成的各种双矿物岩石,由点的位置确定两种矿物的含量和孔隙度,点靠近哪条岩性线,就以哪种矿物为主。从图上的 P 点引一条线与石灰岩和白云岩线上的等孔隙度线平行,与两线的交点都为 ϕ=16.5%,而由 P 点在此线段上的位置,内插得方解石占 75%,白云石占 25%,因而方解石相对体积是 0.75×(1-0.165)=62.6%,白云石相对体积为(1-0.165-0.626)=20.9%。

这种解释方法称为双矿物法,选用的两种矿物称为矿物对。选用矿物对的方法有两种,一种叫标准四矿物选择法,就是按地质上常见的组合,将石英、方解石、白云石、硬石膏依次组成 3 个矿物对:石英-方解石,方解石-白云石,白云石-硬石膏,数据点落在哪两条纯岩石线之间,就按该矿物对解释。另一种叫指定双矿物解释法,就是根据解释人员的判断(包括地区经验)指定一种矿物对,不论数据点落在何处,都按此矿物对解释。例如,指定方解石-白云石矿物对,则落在这两条线之间的按前述方法解释,是这两种矿物组成的岩石,而落在石灰岩线上及其上方的点是纯石灰岩,而落在白云岩线上及其下方的点是纯白云岩,其孔隙度仍按等孔隙度线确定。

此外,岩性-孔隙度确定图版还有中子-声波交会图图版、声波-密度交会图图版等,这里不再详述。

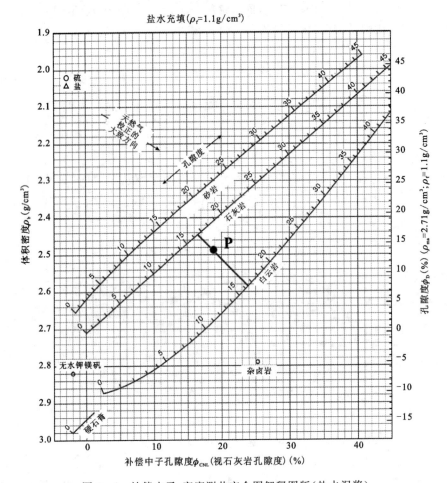

图 3-4 补偿中子-密度测井交会图解释图版(盐水泥浆)

二、M-N 交会图

在岩性及矿物更复杂的地层中,可使用 M-N 交会图解释储层的岩性。此交会图结合了声波、密度、中子 3 种孔隙度测井曲线,提供了与岩性有关 M-N 值。图 3-5 表示 M 和 N 的定义,该图假设单矿物纯岩石线都是直线,起于岩石基质点(骨架点 $\phi=0$),终于流体点(水点 $\phi=100\%$)。因此,各直线的斜率大小就是每种岩石骨架岩性特征的反映。用斜率的绝对值定义两个与孔隙度无关,但与岩性有关的参数:

$$M = \frac{\Delta t_f - \Delta t_{ma}}{\rho_{ma} - \rho_f} \times 0.01 \tag{3-3}$$

$$N = \frac{\phi_{Nf} - \phi_{N_{ma}}}{\rho_{ma} - \rho_f} \tag{3-4}$$

Δt 为英制时,式(3-3)中乘以的系数是 0.01;Δt 为公制时,该系数应为 0.003,目的是使 M 与 N 大小相当。

为了进一步了解参数 M 和 N 的含义,根据定义,由图 3-5 可以看出,不同孔隙度的某种单矿物岩石,其交会点必然落在该种岩性的基质点(骨架点)与流体点(水点)的连线上,并且该直线的斜率始终为某一固定值。只有当骨架参数改变时,其值才发生变化。因此,表现这一斜率的参数 M 和 N 的数值,就只与岩石的骨架成分有关,而与其孔隙度无关,它说明 M 和 N 值是一种反映骨架岩性的参数。表3-2、表3-3为主要岩性的 M 和 N 值。

由式(3-3)、式(3-4)根据不同岩石的纯岩性的补偿中子、密度、声波测井响应值计算出相对应的 M、N 值,可以绘制出不同岩性的 $M-N$ 交会图图版(图3-6)。

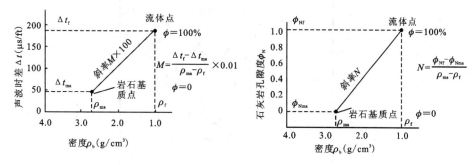

图3-5 $M-N$ 的定义

表3-2 主要岩性的 M 值

岩性	骨架值		M 值	
	密度 (g/cm³)	声波时差 μs/m(μs/ft)	流体密度 1.1g/cm³ 流体时差 608 μs/m(185 μs/ft)	流体密度 1.0g/cm³ 流体时差 620 μs/m(189 μs/ft)
砂岩	2.65	182(55.5)	0.825(0.835)	0.796(0.809)
石灰岩	2.71	156(47.5)	0.842(0.854)	0.814(0.827)
白云岩	2.87	143(43.6)	0.788(0.799)	0.765(0.778)
硬石膏	2.98	164(50.0)	0.709(0.718)	0.691(0.702)
石膏	2.35	171(52.0)	1.049(1.064)	0.998(1.015)
岩盐	2.03	220(67.0)	1.252(1.269)	1.165(1.184)

注:表中括号内的 M 值为利用英制单位(μs/ft)的声波时差计算得到的 M 值。

表3-3 主要岩性的 N 值

岩性	骨架值		N 值	
	密度 (g/cm³)	中子	流体密度 1.1g/cm³ 流体中子值1	流体密度 1.0g/cm³ 流体中子值1
砂岩	2.65	-0.05	0.667	0.636
石灰岩	2.71	0.00	0.621	0.585
白云岩	2.87	0.04	0.542	0.513
硬石膏	2.98	-0.02	0.543	0.515
石膏	2.35	0.58	0.336	0.311
岩盐	2.03	-0.01	1.086	0.981

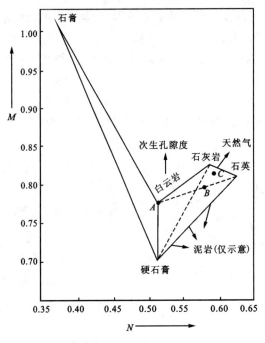

图 3-6　M-N 交会图图版

对于实际地层的岩性，可以结合该层段的测井值，由式(3-5)、式(3-6)计算出 M、N 值，再投影到图 3-6 上，定出一个交会点。

$$M=\frac{\Delta t_f-\Delta t}{\rho_b-\rho_f}\times 0.01 \tag{3-5}$$

$$N=\frac{\phi_{Nf}-\phi_N}{\rho_b-\rho_f} \tag{3-6}$$

如果岩石只是由一种矿物组成，则交会点将同相应的矿物点相重合。例如图 3-6 中 A 点，其岩性可解释为白云岩。

如果岩石由两种矿物组成，交会点则将落在图中对应两种矿物点的连线上。例如图 3-6 中 B 点，其岩性可解释为砂岩和白云岩两种岩石组成的过渡岩性。

如果岩石由 3 种矿物组成，则交会点将落在图上相应 3 种矿物所构成的三角形之内。例如图 3-6 中 C 点，可解释为砂岩、白云岩及石灰岩 3 种岩石组成的过渡岩性。

但是，对 C 点的岩性解释并不是唯一的。从图上可以看出，除了所述的这种解释之外，还可解释为砂岩、石灰岩和硬石膏之间的过渡岩性，也可解释为砂岩、白云岩和石膏之间的过渡岩性等。最终作何解释，应根据地质上的可能性和解释剖面的岩性特点来进行判断。当作出这种判断之后，根据交会点在三角形中所处的具体的位置，用图解的办法可求得每一种矿物成分的百分含量。

三、自然伽马能谱交会图

由于一些矿物具有不同的钍(Th)、铀(U)和钾(K)含量，自然伽马能谱测井可用来识别矿物类型，但是直接利用伽马能谱测井记录值识别矿物类型不够准确。通常情况下，将光

电吸收截面指数 Pe 与 Th/K、U/K 和 Th/U 联合使用。注意,须谨慎使用这些比值,因为这不是地层中元素含量的比值,而是自然伽马能谱测井记录值的比值(注:Th 和 U 的记录单位是 $\times 10^{-6}$,K 的单位是%)。Pe 与 K 含量及 Pe 与 Th/K 比值图版如图 3-7 所示。

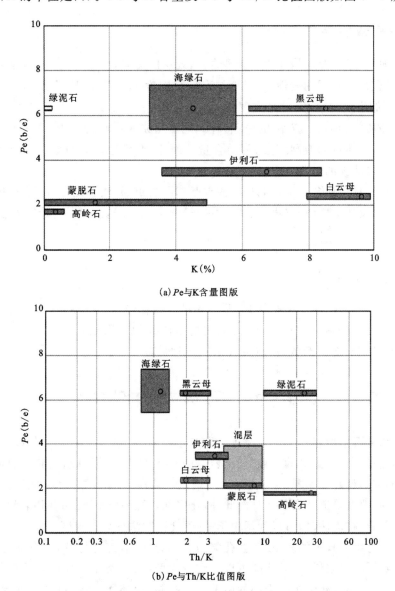

(a) Pe 与 K 含量图版

(b) Pe 与 Th/K 比值图版

图 3-7 利用岩性密度和自然伽马能谱测井识别矿物

这 3 种放射性元素的主要依存矿物如下。
钾:云母、长石、云母质黏土、放射性蒸发岩等。
钍:泥岩、重矿物等。
铀:磷酸盐、有机质等。
放射性类型的确定常常依赖于储层类型。碳酸盐岩储层中,铀通常指示有机质、磷酸盐和缝合线,而钍和钾可代表黏土含量。砂岩储层中,钍含量由重矿物和黏土含量决定,钾通常包含在云母和长石中。泥岩中,钾含量可指示黏土类型和云母,钍含量则随碎屑物质含量或泥质含量而定。泥岩中如果铀含量高表明该泥岩是烃源岩。火山岩中3种放射性元素的相对比例可作为岩石类型的确定导向,其中 Th/K 和 Th/U 比值尤为重要。

四、泥质含量的确定

在评价含泥质地层、特别是评价泥质砂岩时,地层的泥质含量 V_{sh} 是一个重要的地质参数。泥质含量 V_{sh} 不仅反映地层的岩性,而且地层有效孔隙度 ϕ、渗透率 K、含水饱和度 S_w 和束缚水饱和度 S_{wb} 等储集层参数,均与泥质含量 V_{sh} 有密切关系。同时,几乎所有测井方法都在不同程度上受到泥质的影响,在应用测井资料计算地层孔隙度 ϕ、渗透率 K、含水饱和度 S_w 和束缚水饱和度 S_{wb} 等参数时,均要用地层泥质含量。因此,准确地计算地层的泥质含量 V_{sh} 是测井地层评价中不可缺少的重要方面。

用测井资料计算泥质含量 V_{sh} 的方法,主要是 GR 法和 SP 法。此外,还可应用自然伽马能谱测井、电阻率以及孔隙度测井(声波、密度、中子)交会法。泥质含量 V_{sh} 计算方法为:

$$V_{sh} = \frac{2^{GCUR \times I_{sh}} - 1}{2^{GCUR} - 1} \tag{3-7}$$

$$I_{sh} = \frac{SHLG - G_{min}}{G_{max} - G_{min}} \tag{3-8}$$

式中,I_{sh} 为相对泥质含量;G_{min} 用来计算泥质含量的曲线在纯岩石的测井值;G_{max} 用来计算泥质含量的曲线在纯泥岩的测井值;SHLG 为泥质指示测井曲线数值,主要为 SP、GR 测井曲线等;GCUR 为与地层有关的指数,新地层取 3.7,老地层取 2。

第二节 孔隙度的确定

孔隙度是指岩石中所有孔隙空间体积之和与该岩石体积的比值,以百分数表示。它是储层质量评价和储量计算最重要的参数,储层岩石的孔隙度越大,提供油气储集的可能性越大,因此,孔隙度的准确计算非常重要。孔隙度的确定主要基于岩石等效体积模型,利用声波时差、密度和中子孔隙度等测井资料计算。此外,在岩性较纯的情况下,可使用岩性-孔隙度交会图图版;当岩石中存在泥质时,可以利用中子-密度交会图法计算孔隙度。

岩石孔隙具有极不规则的复杂结构,孔隙的大小悬殊,有连通好的,也有互不连通或连通极差的"死孔隙"。一般来说,砂岩孔隙可以大致分为两类:一类是流体可以通过的连通孔隙,称为有效孔隙;另一类是孔隙半径极小的微毛细管孔隙,流体无法通过的"死孔隙",称为无效孔隙。

一、岩石等效体积模型法

根据测井的物理原理,孔隙度测井以及其他一些测井方法(不包含电阻率)的测量结果,可以近似看作是仪器探测范围内岩石介质的某种物理量的体积平均值。如岩石体积密度,可以看成是密度测井仪器探测范围内岩石介质(岩石固体骨架、流体)密度的平均值。岩石中子测井值可以看成中子测井探测范围内岩石物质含氢指数的平均值。其他测井结果,如声波时差、岩石自然放射性强度、热中子宏观俘获截面、光电吸收截面等,均可以作同样近似。用这种近似方法导出的测井响应方程与相应测井理论方法和实验方法的结果基本一致。这种近似避开了测井响应的复杂的微观岩石物理过程,可以从宏观上研究岩石各组分对测井物理测量结果的贡献关系,进而建立测井测量结果(岩石物理参数)与岩石地质参数(相对体积)间的近似数学模型。这种模型称为测井响应的岩石等效体积模型,或测井响应岩石体积模型,或者称为体积模型。

此方法推理简单,不用复杂的数学物理知识,除电阻率测井外,可导出具有线性的测井响应方程,便于使用与计算。测井响应体积模型研究中一般把不同的矿物成分作为不同的体积组分,固体部分称为骨架(组分),孔隙部分称为流体(组分)。不同的矿物具有相似的某种测井响应时,一般合并处理。

本节以声波测井为例,叙述纯岩石和泥质砂岩模型及其响应方程。

1. 含水纯岩石模型

设沿井轴截取一块长为 L,体积为 1 的纯岩石正方体,其断面结构如图 3-8(a)所示。设想把岩石骨架集中在一起,矿物颗粒间没有孔隙,成为一块物理性质均匀、长为 L_{ma}、体积为 V_{ma} 的岩石骨架,而孔隙部分长为 L_ϕ、体积为 V_ϕ,这就是纯岩石等效的体积模型,如图 3-8(b)所示,孔隙度为 ϕ,则有:$1=V_{ma}+V_\phi$;$\phi=V_\phi$;$L=L_{ma}+L_\phi$。

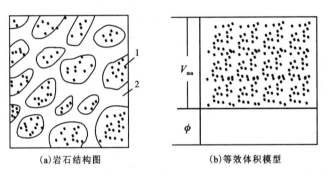

(a)岩石结构图　　(b)等效体积模型

图 3-8　纯含水岩石体积模型
1.岩石颗粒(骨架);2.孔隙

根据岩石体积模型,滑行波在岩石中直线传播的时间 t 等于滑行波在岩石骨架传播时间 t_{ma}(速度 U_{ma})与在孔隙流体中的传播时间 t_f(速度 U_f)之和,即:

$$\frac{L}{U}=\frac{L_{ma}}{U_{ma}}+\frac{L_\phi}{U_f}=\frac{L-L_\phi}{U_{ma}}+\frac{L_\phi}{U_f} \tag{3-9}$$

由于速度和声波时差互为倒数,且岩石体积为 1,声波时差响应方程为:

$$\Delta t=(1-\phi)\Delta t_{ma}+\phi\Delta t_f \tag{3-10}$$

此式也称为威利公式,进一步可得到利用声波时差测井计算孔隙度的公式:

$$\phi=\frac{\Delta t-\Delta t_{ma}}{\Delta t_f-\Delta t_{ma}} \tag{3-11}$$

式中,ϕ 为孔隙度,小数;Δt 为声波时差测井值;Δt_{ma} 为骨架声波时差值;Δt_f 为流体声波时差值。

2. 含油气纯岩石模型

图 3-9 为纯岩石油气层体积模型，体积为 1，根据此示意图及饱和度定义有如下关系：$1=V_{ma}+V_\phi$；$\phi=V_\phi=V_h+V_w$；含水饱和度 $S_w=V_w/V_\phi$；含油气饱和度 $S_h=V_h/V_\phi$；$S_h+S_w=1$。

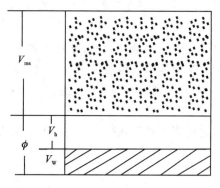

图 3-9 纯岩石油气层体积模型

在泥浆冲洗带中，岩石孔隙包含的原始流体受到钻井泥浆滤液的侵入或冲洗，岩石孔隙中包括泥浆滤液和残余油气两种流体。设冲洗带的含水饱和度为 S_{xo}，残余油气饱和度为 S_{or}，则 $S_{or}+S_{xo}=1$。

由于 3 种孔隙度测井的探测深度都较浅，因此冲洗带声波测井响应方程为：

$$\Delta t=(1-\phi)\Delta t_{ma}+\phi S_{or}\Delta t_h+\phi(1-S_{or})\Delta t_f \tag{3-12}$$

由此可得孔隙度计算公式为：

$$\phi=\frac{\Delta t-\Delta t_{ma}}{\Delta t_f-\Delta t_{ma}}-\phi S_{or}\frac{\Delta t_h-\Delta t_f}{\Delta t_f-\Delta t_{ma}} \tag{3-13}$$

$$\phi=\frac{\phi_s}{1+S_{or}\frac{\Delta t_h-\Delta t_f}{\Delta t_f-\Delta t_{ma}}} \tag{3-14}$$

声波测井视孔隙度：

$$\phi_s=\frac{\Delta t-\Delta t_{ma}}{\Delta t_f-\Delta t_{ma}} \tag{3-15}$$

对残余油气影响的校正项为：

$$S_{or}\frac{\Delta t_h-\Delta t_f}{\Delta t_f-\Delta t_{ma}} \tag{3-16}$$

式中，ϕ 为孔隙度，小数；Δt 为声波时差测井值；Δt_{ma} 为骨架声波时差值；Δt_f 为流体（水或泥浆滤液）声波时差值；Δt_h 为油气的声波时差值。

说明：在有油气影响时，测得的 Δt 增大，由此计算的孔隙度偏高，可由式(3-14)计算孔隙度。

3. 含水泥质砂岩模型

图 3-10 为含水泥质砂岩的等效体积模型，与图 3-8 的右图相比，多了泥质组分，因为泥岩与砂岩的各种物理性质（测井响应）不同。同理，设体积为 1，有 $V_{ma}+V_\phi+V_{sh}=1$，$\phi=V_\phi$。

基于此模型,声波时差的测井响应方程为:

$$\Delta t = (1-\phi-V_{sh})\Delta t_{ma} + V_{sh}\Delta t_{sh} + \phi\Delta t_f \quad (3-17)$$

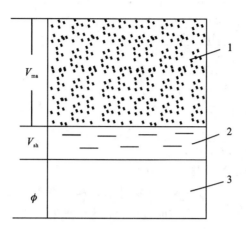

图 3-10 含水泥质砂岩体积模型
1.岩石骨架;2.泥质;3.孔隙空间

因此,

$$\phi = \frac{\Delta t - \Delta t_{ma}}{\Delta t_f - \Delta t_{ma}} - V_{sh}\frac{\Delta t_{sh} - \Delta t_{ma}}{\Delta t_f - \Delta t_{ma}} \quad (3-18)$$

式中,ϕ 为孔隙度,小数;Δt 为声波时差测井值;Δt_{ma} 为骨架声波时差值;Δt_f 为流体(水)声波时差值;Δt_{sh} 为泥质的声波时差值。

4. 含油气泥质砂岩模型

图 3-11 为泥质砂岩油气层体积模型,同理可得:

$$\Delta t = (1-\phi-V_{sh})\Delta t_{ma} + V_{sh}\Delta t_{sh} + \phi S_{or}\Delta t_h + \phi(1-S_{or})\Delta t_f \quad (3-19)$$

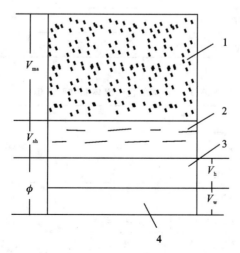

图 3-11 泥质砂岩油气层体积模型
1.骨架;2.泥质;3.油气体积;4.地层水体积

进一步有，

$$\phi = \frac{\Delta t - \Delta t_{ma}}{\Delta t_f - \Delta t_{ma}} - V_{sh} \frac{\Delta t_{sh} - \Delta t_{ma}}{\Delta t_f - \Delta t_{ma}} - \phi S_{or} \frac{\Delta t_h - \Delta t_f}{\Delta t_f - \Delta t_{ma}} \qquad (3-20)$$

$$\phi = \frac{\phi_s - V_{sh} \frac{\Delta t_{sh} - \Delta t_{ma}}{\Delta t_f - \Delta t_{ma}}}{1 + S_{or} \frac{\Delta t_h - \Delta t_f}{\Delta t_f - \Delta t_{ma}}} \qquad (3-21)$$

声波测井视孔隙度 ϕ_s，同式（3-15）。

对泥质影响的校正项为：

$$V_{sh} \frac{\Delta t_{sh} - \Delta t_{ma}}{\Delta t_f - \Delta t_{ma}}$$

对残余油气影响的校正项，同式（3-16）。

式中，ϕ 为孔隙度，小数；Δt 为声波时差测井值；Δt_{ma} 为骨架声波时差值；Δt_f 为流体（水或泥浆滤液）声波时差值；Δt_{sh} 为泥质的声波时差值；Δt_h 为油气的声波时差值。

在计算孔隙度时，岩石的骨架参数选取非常重要，岩石骨架参数输入不准确，将给计算结果造成较大误差。表3-4和表3-5为常见岩石的骨架参数和常见流体的测井响应值。

表 3-4 常见岩石的骨架参数

岩石骨架	Δt_{ma}		ρ_{ma}	ϕ_{SNP}	ϕ_{CNL}
	μs/m	μs/ft	g/cm³		
砂岩1（疏松）	182	55.5	2.65	−0.035	−0.05
砂岩2（固结）	168	51.2	2.68	−0.035	−0.05
石灰岩	156	47.5	2.71	0.00	0.00
白云岩	143	43.6	2.87	0.005	0.04
硬石膏	164	50.0	2.98	−0.005	−0.02
石膏	171	52.0	2.35	0.49	0.58
岩盐	220	67.0	2.03	0.04	−0.01

表 3-5 常见孔隙流体测井响应值

孔隙流体	Δt_f		ρ_f	ϕ_{CNL}
	μs/m	μs/ft	g/cm³	
淡水	620	189	1.0	1.00
盐水	608	185	1.1	1.00
石油	757~985	231~300	0.8	1.09
甲烷	2 262	689	0.05	0.18
空气	2 941	896	0.001 29	

二、中子-密度交会图确定泥质砂岩的孔隙度和泥质含量

在中子-密度交会图中,定义:

泥质砂岩视密度孔隙度为:

$$\phi_D = \frac{\rho_{ma} - \rho_b}{\rho_{ma} - \rho_f} = \frac{2.65 - \rho_b}{2.65 - \rho_f} \quad (3-22)$$

泥质砂岩视中子孔隙度为:

$$\phi_N = \frac{\phi_{Nma} - \phi_N}{\phi_{Nma} - \phi_{Nf}} = \frac{(-0.04) - \phi_N}{(-0.04) - \phi_{Nf}} \quad (3-23)$$

泥岩点(ϕ_{Nsh}, ϕ_{Dsh})由研究区域泥岩层的中子-密度交会图确定,泥岩层数据点在交会图上最集中的位置确定为泥岩点。

图3-12所示,含水纯砂岩线是由$\phi=0$的骨架点(0,0)和$\phi=100\%$的水点(1,1)的连线,该连线的孔隙度的变化是线性的,而泥岩线是骨架点和泥岩点的连线,泥岩线上$\phi=0$,故交会图上的等孔隙度线是一组与泥岩线平行的直线。含水纯砂岩线$V_{sh}=0$,泥岩点$V_{sh}=100\%$,等泥质含量线是一组与含水纯砂岩线平行的直线。

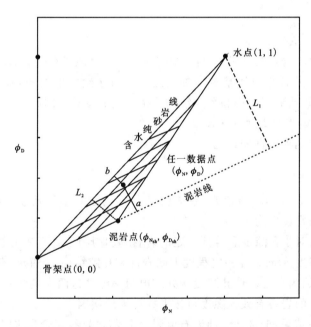

图3-12 中子-密度交会图确定孔隙度和泥质含量示意图

孔隙度$\phi=a/L_1$, $V_{sh}=b/L_2$, a 和 L_1 分别是数据点和水点到泥岩线的距离, b 和 L_2 分别是数据点和泥岩点到纯砂岩线的距离。在 $x-y$ 坐标系中点(x_1, y_1)和点(x_2, y_2)构成的直线方程为:

$$Ax + By + C = 0 \quad (3-24)$$

式中, $A = y_2 - y_1$, $B = x_1 - x_2$, $C = x_2 y_1 - x_1 y_2$。

任意一点(x_0, y_0)到该线的距离 L 为:

$$L = \frac{|Ax_0 + By_0 + C|}{\sqrt{A^2 + B^2}} \quad (3-25)$$

图上各点坐标代入上式可得孔隙度和泥质含量的计算公式为：

$$\phi = \phi_{ND} = \frac{|\phi_{Dsh} \cdot \phi_N - \phi_{Nsh} \cdot \phi_D|}{|\phi_{Dsh} - \phi_{Nsh}|} \quad (3-26)$$

$$V_{sh} = \frac{|\phi_N - \phi_D|}{|\phi_{Nsh} - \phi_{Dsh}|} \quad (3-27)$$

另外，当岩石骨架矿物包含多种矿物时，可以利用复杂岩性测井分析程序（CRA）和最优化测井解释方法处理。

第三节　油气层识别及饱和度评价

一、阿尔奇公式

阿尔奇(1942)把100%饱和含水的纯岩石电阻率 R_0 与其孔隙中地层水电阻率 R_w 的比值定义为地层因素，用 F 表示，即

$$F = \frac{R_0}{R_w} \quad (3-28)$$

式中，R_0 是100%含水纯岩石电阻率，欧姆·米($\Omega \cdot m$)；R_w 是地层水电阻率，欧姆·米($\Omega \cdot m$)。

地层因素 F 是测井解释中最基本的参数之一。对于给定的岩石，地层因素 F 是一个常数，是取决于地层有效孔隙度大小和孔隙结构复杂程度的参数。因此，此式只用来计算任一纯岩石100%含水时的电阻率 $R_0 = F \cdot R_w$。

通过实验测量得到阿尔奇公式之一：

$$F = \frac{a}{\phi^m} \quad (3-29)$$

式中，ϕ 为孔隙度，小数；m 为胶结指数，通常设定为2，与岩石结构及胶结程度有关；a 为岩性系数，与岩性有关，通常设定为1。

式(3-29)表明，对于孔隙度和岩性一定的岩石，其地层因素 F 是一个常数。其大小主要取决于岩石有效孔隙度 ϕ，同时在一定程度上同岩性和孔隙结构(a 和 m)有关。本式是测井资料地层评价的基础，因为它是岩性孔隙度测井与电阻率测井这两大类测井方法之间的桥梁，用岩性孔隙度测井计算的岩石有效孔隙度可按上式计算地层因素。

阿尔奇根据实验结果，把含油气纯岩石电阻率 R_t 与该岩石完全含水时的电阻率 R_0 的比值定义为电阻率增大系数，用 I 表示，建立了电阻率增大系数与含水饱和度关系式。其通用公式如下：

$$I = \frac{R_t}{R_0} = \frac{b}{S_w^n} \quad (3-30)$$

式中，S_w 为含水饱和度，小数；b 为系数，通常认为等于1；n 为饱和指数，通常设定为2。

结合地层因素与电阻率增大系数公式，可得含水饱和度的计算方程为：

$$S_w = \left(\frac{abR_w}{R_t \phi^m}\right)^{\frac{1}{n}} \quad (3-31)$$

参数 a,b,m,n 尽量利用岩电实验数据确定,确保计算的含水饱和度更准确。

二、储集层含油性的评价方法

1. 电阻率-孔隙度交会图

各种电阻率-孔隙度交会图,包括电阻率-声波、电阻率-密度和电阻率-中子等交会图,在测井解释与数据处理中有着广泛的用途,是应用阿尔奇公式的一种快速直观的解释方法。它们可以用于确定地层水电阻率 R_w、骨架参数、含水饱和度及冲洗带含水饱和度,判断油水层,估计可动油和残余油含量。

1) Hingle 交会图

对于均匀粒间孔隙地层,根据阿尔奇公式可得:

$$\frac{1}{(R_t)^{1/m}} = \left(\frac{S_w^n}{abR_w}\right)^{\frac{1}{m}} \times \phi \tag{3-32}$$

对于岩性和 R_w 基本不变的解释井段,若令 $A = \left(\frac{S_w^n}{abR_w}\right)^{1/m}$,则对给定的 S_w,A 为常数;若令 $Y = \left(\frac{1}{R_t}\right)^{1/m}$,则 $Y = A\phi$,且通过坐标原点,即骨架点($\phi=0, R_t=\infty$)。取不同的 S_w 值,采用纵轴为对数坐标,横轴为线性坐标,可作出一组以骨架点为起点的斜线,这些线称为含水饱和度线。由此得到用 S_w 刻度的 R_t-ϕ 交会图,即 Hingle 交会图。

需要注意的是,作图时如果 R_w 是已知的,可根据 $R_0 = FR_w$ 确定水线,或者说由水线确定的 R_w 应与已知值相近。如果 R_w 未知时,水线应通过岩性纯、厚度大、测井读数可靠和没有油气显示的纯水层层段,并且应尽可能通过多个纯水层。此时,可由水线按前述方法求 R_w。由水线骨架点确定的孔隙度测井骨架参数(如 Δt_{ma}、ρ_{ma}、ϕ_{Nma})应与已知岩性一致。

根据每个储集层资料点在交会图上的位置,可直接读其 S_w。如果在图上标出本地区油气层、油水同层、水层的 S_w 界线,则按资料点位置可定性判断油水层。

图 3-13 是根据 $a=0.7, b=0.65, m=2, n=2.4$ 的砂岩储集层得到的交会图,其方程为:

$$\frac{1}{\sqrt{R_t}} = \left(\frac{S_w^{2.4}}{0.455R_w}\right)^{1/2} \times \phi \tag{3-33}$$

2) Pickett 交会图

Pickett 交会图是在双对数坐标中绘制电阻率-孔隙度交会图。

根据阿尔奇公式:

$$R_t = \frac{abR_w}{S_w^n \phi^m} \tag{3-34}$$

对两边取对数,有:

$$\lg R_t = -m\lg\phi + \lg\frac{abR_w}{S_w^n}$$

令 $y=\lg R_t$,$x=\lg\phi$,则有:

$$y = -mx + \lg\frac{abR_w}{S_w^n} \tag{3-35}$$

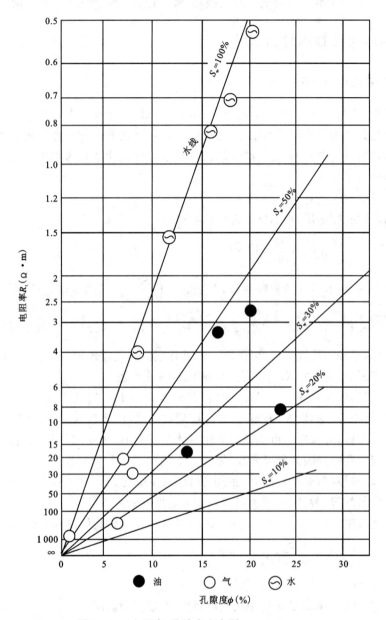

图 3-13 电阻率-孔隙度交会图(Hingle 交会图)

可见,在双对数坐标中,R_t 和 ϕ 之间关系是一组斜率为 $-m$,截距为 $\lg\dfrac{abR_w}{S_w^n}$ 的直线。对于岩性稳定(a、b、m、n 不变),地层水电阻率 R_w 不变的解释井段,直线的截距仅随 S_w 而变。这样便可获得一组随 S_w 变化的平行直线(图 3-14)。利用这组直线可以定性判断油、气、水层和确定油水界线。主要用于:根据资料点(ϕ,R_t)在交会图上落在哪条含水饱和度线上(或两条含水饱和度线之间的位置),则目的层含水饱和度等于该直线对应的含水饱和度(或介于两直线的含水饱和度线值之间),由此可以定性判断油层、气层和水层。

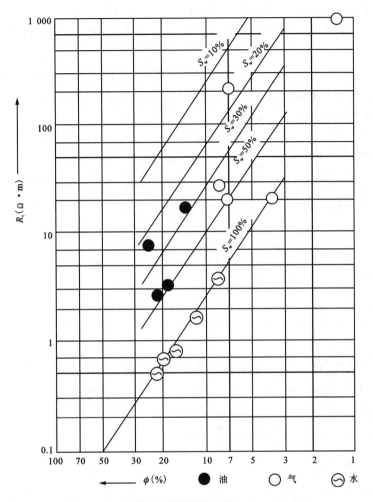

图 3-14 电阻率-孔隙度交会图(Pickett 交会图)

2. R_{wa} 和 R_{mfa} 曲线重叠

视地层水电阻率 R_{wa} 和视泥浆滤液电阻率 R_{mfa} 表示为:

$$R_{wa} = \frac{R_t}{F} = \frac{R_t \phi^m}{a}$$

$$R_{mfa} = \frac{R_{xo}}{F} = \frac{R_{xo} \phi^m}{a}$$

(3-36)

视地层水电阻率 R_{wa} 与原状地层含油性有关,视泥浆滤液电阻率 R_{mfa} 与冲洗带残余油气有关,两者重叠显示可帮助判断油气水层,还可了解泥浆侵入特性。这种方法常用于井场快速处理和解释。

对于水层,$R_{wa} \approx R_w$;油气层 $R_{wa} \approx (3-5)R_w$。同理,$R_{mfa} \approx R_{mf}$ 为水层,而 R_{mfa} 明显大于 R_{mf},说明冲洗带可能有残余油气。但这种解释要注意泥浆侵入性质,因为淡水泥浆侵入程度很大,会使 R_t 偏高,水层的 R_{wa} 也可能有较高的显示。

对于淡水泥浆钻井,R_{wa} 和 R_{mfa} 曲线重叠可能有 3 种情况。

(1) $R_{mfa} \approx R_{wa} \approx R_w$,说明侵入很浅,此时用 R_{wa} 划分的水层是正确的。

(2) $R_{mfa} > R_{mf}$,说明冲洗带可能含有残余油气。同时,如果 $R_{wa} > R_w$,则进一步证实为油气层。

(3) $R_{mfa} \approx R_{mf}$ 且 $R_w < R_{wa} < R_{mf}$,说明泥浆侵入很深,井壁附近冲洗带冲洗严重,使 $R_{mfa} \approx R_{mf}$。这时对 R_{wa} 划分出来的可能有油气的地层要作进一步研究,因为 $R_w < R_{wa} < R_{mf}$,R_{wa} 的偏高也可能是淡水泥浆侵入很深造成的。

3. 双孔隙度差异法

设 V 为任一岩石地层的总体积,V_w 为岩石地层孔隙中含水部分的体积,V_ϕ 为岩石地层孔隙部分的体积,则含水饱和度 S_w 定义为:

$$S_w = \frac{V_w}{V_\phi} = \frac{V_w/V}{V_\phi/V} = \frac{\phi_w}{\phi} \tag{3-37}$$

式中,ϕ 为地层孔隙度;ϕ_w 为地层含水部分的孔隙度,即含水孔隙度。

有:

$$\phi_w = \phi S_w$$

将 $S_w = 1 - S_h$(S_h 为含烃饱和度)代入,得到:

$$\phi S_h = \phi - \phi_w \tag{3-38}$$

上式中,地层孔隙度 ϕ 与含水孔隙度 ϕ_w 之差反映了地层的含油情况(ϕS_h)。

即通过判断地层孔隙度 ϕ 与含水孔隙度 ϕ_w 的差异,可以识别油气水层:

对于水层,$\phi \approx \phi_w$;对于含油气层或油气层,$\phi > \phi_w$。

结合阿尔奇公式,若令 $m = n = 2$,$b = 1$,则有:

$$\phi_w = \phi S_w = \sqrt{\frac{aR_w}{R_t}} \tag{3-39}$$

上式说明,R_w 选定后,ϕ_w 直接与 R_t 密切相关,即 R_t 的变化正好反映了岩层含水孔隙度的变化。

4. 径向电阻率重叠

根据阿尔奇公式,对于纯地层(不含泥质),地层含水饱和度 S_w 和冲洗带含水饱和度 S_{xo},可用下式表示:

$$S_w^n = \frac{aR_w}{\phi^m R_t}, \quad S_{xo}^n = \frac{aR_{mf}}{\phi^m R_{xo}} \tag{3-40}$$

取 $n = 2$,将两式两边分别相除得:

$$\left(\frac{S_w}{S_{xo}}\right)^2 = \left(\frac{R_{xo}}{R_t}\right) / \left(\frac{R_{mf}}{R_w}\right) \tag{3-41}$$

上式说明径向电阻率比值 R_{xo}/R_t 与径向含水饱和度比值 S_w/S_{xo} 有关。下面分几种情况加以讨论。

(1) 泥岩层。根据泥岩地层的性质,它是一种非渗透层,不存在侵入问题,故应有 $R_t \approx R_{xo}$,即 R_t 与 R_{xo} 基本重合。

(2) 纯水层。纯水层为渗透性地层,会产生泥浆侵入,但 $S_w = S_{xo}$。根据泥浆滤液与地层水性质之间的关系,可有 3 种情况。当 $R_{mf}=R_w$ 时,有 $R_{xo}=R_t$,即 R_{xo} 与 R_t 重合;当 $R_{mf}>R_w$ 时,则 $R_{xo}>R_t$;当 $R_{mf}<R_t$ 时,则 $R_{xo}<R_t$。

将 R_t 和 R_{xo} 按对数比例重叠,可以对纯水层求 R_{mf}/R_w。因为 $S_w=S_{xo}=1$,则有

$$\lg\left(\frac{R_{mf}}{R_w}\right)=\lg R_{xo}-\lg R_t \tag{3-42}$$

(3)油气层。对于中等侵入的地层,有经验关系 $S_{xo}=S_w^{1/5}$。这时,式(3-41)变成

$$S_w=\left(\frac{R_{xo}}{R_t}\frac{R_w}{R_{mf}}\right)^{5/8} \tag{3-43}$$

通常 $R_{mf}/R_w\approx 3.0$,因此 R_{xo}/R_t 直接反映地层的含水饱和度。

对式(3-43)取对数,有:

$$\lg S_w=\frac{5}{8}\left(\lg\frac{R_{xo}}{R_t}-\lg\frac{R_{mf}}{R_w}\right) \tag{3-44}$$

若 $R_{mf}=R_w$,则

$$\lg S_w=\frac{5}{8}(\lg R_{xo}-\lg R_t) \tag{3-45}$$

即冲洗带电阻率 R_{xo} 和地层电阻率 R_t 的对数差值可以反映含水饱和度的变化。

三、天然气层识别方法

前面介绍的识别油气和水层的方法,其实是用深探测电阻率显示原状地层的含油性,用深浅电阻率差异比较显示可动油气。但电阻率测井无法区分油层与气层,因为油层和气层通常都是高电阻率层。因此,上述方法只能判断油气层,不能区分油层与气层。为了区分油层与气层,必须依靠孔隙度测井和其他来源的资料。

1. 天然气对孔隙度测井影响

天然气的主要成分是 CH_4,CH_4 含量 95% 以上称为干气,而含重烃较多的称为湿气,湿气常与石油共生。天然气密度很低,大约 $0.1\sim 0.2 g/cm^3$,明显小于油和水的密度,因而可对各种孔隙度测井产生不同程度的影响。泥质愈少,岩石孔隙度愈高,天然气影响愈明显。中高孔隙度(20%以上)气层,常可依靠单一孔隙度曲线的数值和形态来识别;而中低孔隙度气层,常常要靠两条孔隙度曲线重叠的幅度差来识别;孔隙度很低的气层,除了这些重叠显示,应当更多依靠录井显示及地区经验。

(1)声速测井:天然气使声速降低,使声幅衰减变大,因而声波时差增大,甚至出现"周波跳跃",非压实疏松地层显示最明显。普通声速测井有显示,长源距声波测井显示更明显,因为后者探测深度增大,并可用纵横波时差比值减小来识别气层。

(2)密度测井:天然气使地层密度降低,则由密度计算的孔隙度会升高。

(3)中子孔隙度测井:天然气使中子孔隙度测井读数降低,甚至挖掘效应明显时可出现负值。

2. 中子-密度重叠(交会图法)识别气层

因为天然气的存在使密度测井曲线减小,中子孔隙度偏小,故中子-密度孔隙度测井曲线重叠(交会图)是直观显示气层最简单的方法。

如图3-15所示,某砂泥岩地层××08~××36m层段(深度道阴影段)含有天然气,第四道密度测井曲线明显在中子测井曲线左侧(阴影部分)且二者偏离程度较大,显示为较明显的气层特征。而将此层段的数据点投放在中子-密度交会图上,有很大一部分落在砂岩线之上,如图3-16(a)。由于含气量比较高的储层,天然气对密度和中子测井曲线具有明显的影响,利用这两条孔隙度曲线计算孔隙度势必会造成一定的误差,通常利用密度曲线计算的孔隙度偏大,中子曲线计算的孔隙度偏小,因此,需要对气层的中子和密度测井曲线进行含气性校正,以便准确计算地层孔隙度等参数。图3-15中最后一列曲线道为校正后的中子和密度曲线(CNX和DENX),从图中可以看出,密度测井曲线在左,中子测井曲线在右,但二者偏离程度较小,为典型的砂岩水层特征,说明校正效果良好。图3-16(b)显示此层段校正后的数据点在中子-密度交会图上的位置,可以看到数据点均落在纯砂岩线之下,验证了校正后测井曲线的可靠性。

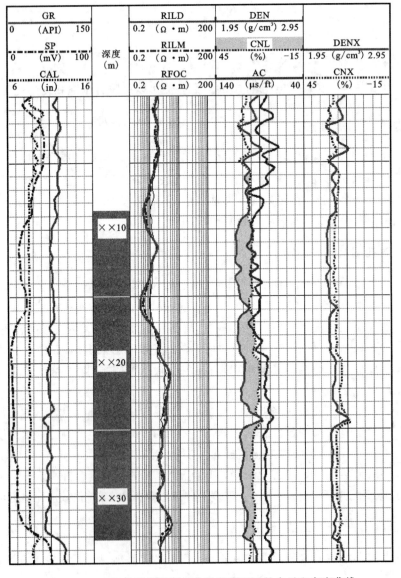

图3-15 含气砂岩常规测井曲线及校正后的中子和密度曲线

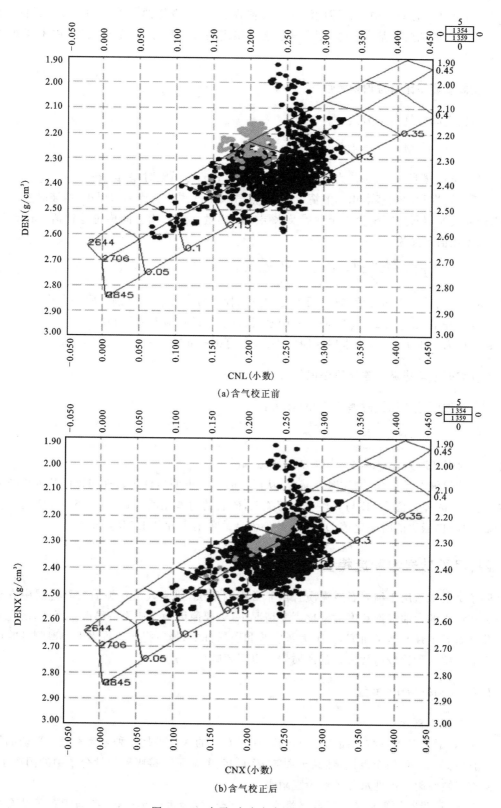

图 3-16 中子-密度交会图识别气层

此外，有声波时差与中子孔隙度测井曲线重叠法，适当选择两条曲线的基线和横向比例，使两者在水层或油层上基本重合，则在气层上会出现明显幅度差，类似于密度-中子测井曲线重叠法。

3. 空间模量差比值法识别气层

岩石的空间模量定义为：

$$M = \frac{\rho_b}{\Delta t_p^2} \times 10^{16} \qquad (3-46)$$

式中，M 为空间模量，0.1Pa；ρ_b 为密度测井值，g/cm^3；Δt_p 为纵波时差，$\mu\text{s/m}$。

由于在岩性和物性基本相同的情况下，天然气层密度测井值比油水层小，声波时差比油水层大，因此气层岩石空间模量小于油层及水层空间模量。通常用空间模量差比值法进行气层的识别，差比值定义为：

$$D_R = \frac{M_w - M}{M} = \frac{\rho_{水层}}{\Delta t_{水层}^2} \times \frac{\Delta t_{目的层}^2}{\rho_{目的层}} - 1 \qquad (3-47)$$

式中，M_w 为水层的空间模量；M 为目的层的空间模量；$\rho_{水层}$、$\rho_{目的层}$ 分别为同一井中水层、目的层的密度测井值；$\Delta t_{水层}$、$\Delta t_{目的层}$ 为同一井中水层、目的层的声波时差测井值。

目的层为气层 $D_R > 0$，为水层或油层 $D_R \approx 0$，可根据此特征进行气层的识别。

4. 横波时差与纵波时差比值法识别气层

定义横波时差与纵波时差比值 DTR 为：

$$\text{DTR} = \frac{\Delta t_s}{\Delta t_p} \qquad (3-48)$$

式中，Δt_s 为横波时差，$\mu\text{s/m}$，Δt_p 为纵波时差，$\mu\text{s/m}$。

气层使纵波时差增大，横波时差减小，从而使时差比值明显低于岩性和物性基本相同的油水层。另外，时差比值 DTR 与岩性有密切关系，砂岩的时差比值 DTR 约 1.65，并随泥质含量增加而增加；白云岩的时差比值 DTR 约 1.8；石灰岩的时差比值 DTR 约 1.9。

四、泥质砂岩饱和度模型

阿尔奇公式适用于纯岩石或泥质含量非常小的地层，研究人员在泥质岩石地层中发现阿尔奇公式计算的含油气饱和度通常比真实情况小，主要原因为泥质影响导电。因此，研究人员对泥质岩石导电性开展了研究，做了大量实验和资料分析，最终提出了许多电阻率测井响应方程。下面介绍两种比较有代表性的泥质岩石电阻率响应方程。

1. Waxman-Smits 模型

1）有关基本概念

吸附水：通常黏土颗粒表面均带负电荷，而岩石中的水分子是一种电荷不完全平衡的极性分子，对外可显正、负两个极性，使黏土颗粒表面的负电荷可直接吸附极性分子中的阳离子（如 Na^+），这些被吸附的极性水分子称为吸附水。

结合水：被吸附的阳离子又可与极性水分子结合，成为水合离子，这些与阳离子结合的极性水分子又称为结合水。

黏土水化作用：黏土颗粒表面的负电荷可吸附极性分子中的阳离子，又可通过这些阳离子与极性水分子结合，即在黏土颗粒表面形成一层薄水膜，以上所述在黏土颗粒表面形成水膜的过程称为黏土水化作用。

阳离子交换：一般情况下黏土颗粒表面的负电荷吸附的阳离子是不能移动的，但这种吸附并不很紧密，在电场的作用下，吸附的阳离子可以与岩石中溶液的其他水合离子交换位置，引起导电现象，这种现象称为黏土矿物的阳离子交换(在泥质砂岩中，最常见的可交换阳离子是Na^+，K^+，Mg^{2+}和Ca^{2+}等离子)。

黏土矿物的附加导电性：由黏土矿物的阳离子交换产生的导电性。

2) W-S 模型

Hill 和 Milburn(1956)对黏土矿物的阳离子交换作用进行了实验研究，并用阳离子交换浓度代替泥质含量或黏土含量，研究了泥质砂岩的电导率和电化学电位。Waxman(1968，1972)在 Hill 和 Milburn(1956)研究的基础上进一步研究了泥质或黏土对泥质砂岩的电导率和电化学电位的影响，提出 W-S 模型。它分为含水和含油气泥质砂岩两种模式，这两种模型方程分别为：

$$C_0 = \frac{1}{F^*}(C_w + BQ_v) \quad (3-49)$$

$$C_t = \frac{1}{F^* S_w^{-n}}(C_w + B\frac{Q_v}{S_w}) \quad (3-50)$$

式中，C_0为泥质砂岩完全含水的电导率；F^*为泥质砂岩地层因数，$F^* = a\phi_t^{-m}$；C_w为地层水电导率；C_t为含油气泥质砂岩电导率；S_w为含水饱和度；B是黏土阳离子交换的等价电导，是地层水电导率C_w的函数，即$B = 3.83(1 - 0.83e^{-C_w/2})$，此处$B$的经验关系式是在25℃对$Na^+$得出的；$Q_v$为岩石的阳离子交换容量(浓度)，$Q_v$是 CEC(Cation-Exchange Capacity，缩写为 CEC，阳离子交换能力)的函数：

$$Q_v = \frac{CEC(1-\phi_t)\rho_G}{\phi_t} \quad (3-51)$$

式中，CEC 为岩石的阳离子交换能力，$mmol/g_{干岩样}$；ϕ_t是泥质砂岩的总孔隙度，小数；ρ_G是岩石的平均颗粒密度，g/cm^3。

2. 双水模型

1977 年，Clavier 等根据双电层理论，通过对 Hill 和 Milburn、Waxman 和 Smits、Waxman 和 Thomas 等所做的泥质砂岩样品实验结果的重新分析，并在一系列理论假设前提下，提出了新的泥质砂岩电阻率和含水饱和度解释模型——双水模型。

(1)双水模型的有关参数及其相关关系。双水模型认为泥质砂岩中含有两种水：黏土水和自由水。双水模型把靠近黏土表面附近的水叫"黏土水"或束缚水；离黏土表面较远的水为"自由水"(远水)。其模型中的有关参数描述如下(图 3-17)。

自由水孔隙度ϕ_{wf}：自由水占地层体积V的比例。

束缚水孔隙度ϕ_b：束缚水占地层体积V的比例。

油气孔隙度ϕ_h：油气占地层体积V的比例。

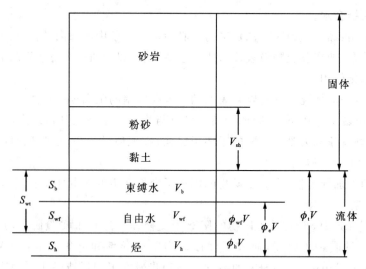

图 3-17 双水模型示意图

总孔隙度 ϕ_t：所有流体（油气、自由水和束缚水）占地层体积 V 的比例，即

$$\phi_t = \phi_{wf} + \phi_b + \phi_h \tag{3-52}$$

有效孔隙度 ϕ_e：自由水和油气占地层体积 V 的比例，即

$$\phi_e = \phi_{wf} + \phi_h \tag{3-53}$$

自由水饱和度 $S_{wf} = \dfrac{\phi_{wf}}{\phi_t}$：自由水孔隙度占总孔隙度的比例。

束缚水饱和度 $S_b = \dfrac{\phi_b}{\phi_t}$：束缚水孔隙度占总孔隙度的比例。

总含水饱和度 $S_{wt} = \dfrac{\phi_{wf} + \phi_b}{\phi_t}$：自由水和束缚水孔隙度占总孔隙度的比例。

则有

$$S_{wt} = S_{wf} + S_b \tag{3-54}$$

(2) 电阻率模型。按照双水模型的概念，自由水和束缚水的混合电阻应满足并联关系，由此可以得到

$$\frac{S_{wt}}{R_{wn}} = \frac{S_{wf}}{R_w} + \frac{S_b}{R_b} \quad \text{或} \quad \sigma_{wn} S_{wt} = \sigma_w S_{wf} + \sigma_b S_b \tag{3-55}$$

式中，R_{wn}、R_w、R_b 分别为孔隙中混合流体的等效电阻率、自由水的电阻率、束缚水的电阻率；σ_{wn}、σ_w、σ_b 分别为孔隙中混合流体的等效电导率、自由水的电导率、束缚水的电导率。

根据各含水饱和度之间的关系，便有

$$\frac{1}{R_{wn}} = \frac{S_{wf}/S_{wt}}{R_w} + \frac{S_b/S_{wt}}{R_b} = \frac{1 - S_b/S_{wt}}{R_w} + \frac{S_b/S_{wt}}{R_b} \tag{3-56}$$

或

$$\sigma_{wn} = \sigma_w S_{wf}/S_{wt} + \sigma_b S_b/S_{wt} = \sigma_w \left(1 - \frac{S_b}{S_{wt}}\right) + \sigma_b S_b/S_{wt} \tag{3-57}$$

混合流体的电阻率满足阿尔奇公式，即

$$S_{wt}^n = \frac{R_{wn}}{\phi_t^m R_t} \quad \text{或} \quad \sigma_{wn} S_{wt}^n = \phi_t^{-m} \sigma_t \tag{3-58}$$

将 R_{wn} 带入上式(取 $m=2, n=2$),并整理得到

$$S_{wt}^2 - S_{wt}S_b\left(1-\frac{R_w}{R_b}\right) - \frac{R_w}{R_t\phi_t^2} = 0 \quad (3-59)$$

求解 S_{wt} 得到

$$S_{wt} = y + \left[\frac{R_w}{R_t\phi_t^2} + y^2\right]^{\frac{1}{2}}$$

$$y = \frac{S_b(R_b - R_w)}{2R_b} \quad (3-60)$$

按照双水模型,泥质砂岩的含水饱和度不包括束缚水,因此,S_w 应等于自由水饱和度,则 S_w 为

$$S_w = \frac{\phi_{wf}}{\phi_{wf} + \phi_h} = \frac{\phi_t S_{wf}}{\phi_t - \phi_b} = \frac{S_{wf}}{1-\phi_b/\phi_t} = \frac{S_{wt} - S_b}{1 - S_b} \quad (3-61)$$

五、可动油分析

如图 3-18 所示,V_ϕ 表示孔隙体积,$V_{其他}$ 表示骨架和泥质等的体积。$V_{油}$、$V_{水}$、$V_{可动油}$、$V_{残余油}$、$V_{可动水}$、$V_{束缚水}$ 表示孔隙中含有的油、水、可动油、残余油、可动水、束缚水等的体积。

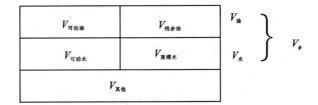

图 3-18 油水两相流体的可动油等效体积模型示意图

设总体积为 V,有 $V = V_\phi + V_{其他}$。

对于油水两相流体,$V_\phi = V_{油} + V_{水}$,$V_{油} = V_{可动油} + V_{残余油}$,$V_{水} = V_w = V_{可动水} + V_{束缚水}$。

几种孔隙度和饱和度的关系:

(1)总孔隙度 $\phi = \dfrac{V_\phi}{V}$。

(2)含水孔隙度 $\phi_w = \dfrac{V_w}{V} = \phi S_w$,含水饱和度 $S_w = \dfrac{V_w}{V_\phi} = \dfrac{V_w/V}{V_\phi/V} = \dfrac{\phi_w}{\phi}$;

(3)可动油孔隙度 $\phi_{MOS} = \dfrac{V_{MOS}}{V} = \phi S_{MOS}$,其中,$V_{MOS} = V_{可动油}$;可动油饱和度 $S_{MOS} = \dfrac{V_{MOS}}{V_\phi} = \dfrac{V_{MOS}/V}{V_\phi/V} = \dfrac{\phi_{MOS}}{\phi}$。

(4)残余油孔隙度 $\phi_{or} = \dfrac{V_{or}}{V} = \phi S_{or}$,其中,$V_{or} = V_{残余油}$;残余油饱和度 $S_{or} = \dfrac{V_{or}}{V_\phi} = \dfrac{V_{or}/V}{V_\phi/V} = \dfrac{\phi_{or}}{\phi}$。

(5)含油饱和度、可动油饱和度 S_{MOS}、残余油饱和度 S_{or} 的关系:含油饱和度 $S_o = S_{MOS} + S_{or} = 1 - S_w$。

残余油是经过泥浆滤液冲洗后冲洗带残余下来的油,因此,残余油饱和度就是冲洗带含油饱和度 S_{oxo},即

$S_{or}=S_{oxo}=1-S_{xo}$，S_{xo} 为冲洗带含水饱和度。

可动油饱和度 $S_{MOS}=1-S_w-S_{or}=1-S_w-(1-S_{xo})=S_{xo}-S_w$。

(6)可动油孔隙度 ϕ_{MOS} 为：$\phi_{MOS}=\phi S_{MOS}=\phi(S_{xo}-S_w)=\phi S_{xo}-\phi S_w=\phi_{xo}-\phi_w$。

其中 $\phi_{xo}=\phi S_{xo}$ 称为冲洗带含水孔隙度。

残余油孔隙度 ϕ_{or} 为：$\phi_{or}=\phi S_{or}=\phi(1-S_{xo})=\phi-\phi S_{xo}=\phi-\phi_{xo}$。

上述分析表明，总孔隙度 ϕ 减去冲洗带含水孔隙度 ϕ_{xo} 为残余油气孔隙度 ϕ_{or}；冲洗带含水孔隙度 ϕ_{xo} 减去含水孔隙度 ϕ_w 就是可动油气孔隙度 ϕ_{MOS}。

因此，利用总孔隙度 ϕ、冲洗带含水孔隙度 ϕ_{xo} 和含水孔隙度 ϕ_w 三者的差异，即采用三孔隙度重叠法可以显示可动油和残余油。如图 3-19，可动烃表示可动油气的孔隙度，残余烃表示残余油气的孔隙度，POR 表示总孔隙度，SH 表示泥岩，SAND 表示砂岩，GRAV 表示砾岩。

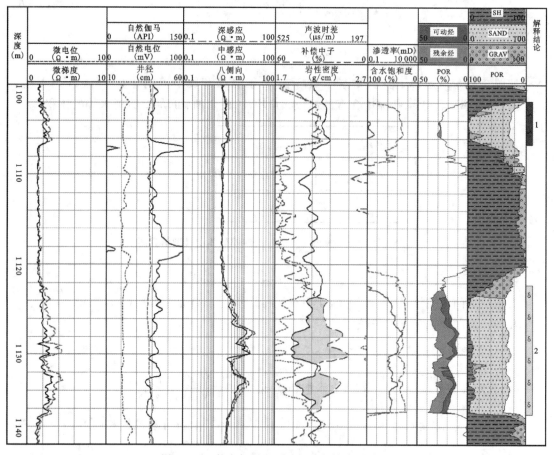

图 3-19 某含气层段可动烃分析综合测井图

第四节 确定束缚水饱和度及地层绝对渗透率

储集层产出流体类别和产量高低，不但与地层孔隙度和含油气性质有关，而且与地层束缚水饱和度、绝对渗透率和原油性质等有关。束缚水饱和度与含水饱和度的相互关系，是决定地层是否只产油气或不产水或少产水的主要因素。油气层中束缚水饱和度若小于含水饱和度，则地层有水产出；若等于含水饱和度，则无水产出。

束缚水饱和度对含水饱和度、油水相对渗透率等方面的计算有重要意义。绝对渗透率是决定地层能否产出流体的主要因素，而其大小与束缚水饱和度有密切关系，但还没有一种测井方法可直接测量这两个参数，只能采用一些统计性关系式。核磁共振测井方法的广泛应用为这两个参数的确定提供了更加丰富的信息。

一、束缚水饱和度的影响因素

岩石中的地层水包括可动水和束缚水。可动水是指可以自由流动的水以及在某种条件下可流动的水。而岩石的束缚水包括微毛细管孔隙中不能流动的水、其他毛细管孔隙细小孔道弯曲处不能流动的毛细管滞水和亲水岩石颗粒表面的薄膜滞水。

束缚水饱和度 S_{wi} 表示岩石的束缚水与岩石的地层水的比值，其影响因素主要有：

（1）泥质含量：泥质砂岩中的束缚水包括微孔隙中不能流动的水和吸附在岩石颗粒表面上的水，即在黏土颗粒表面存在大量黏土束缚水，所以储层中随泥质含量增大，束缚水饱和度增大。

（2）粒度中值：粒度中值是反映岩石颗粒粒径大小的一个量，粒度中值越小，岩石颗粒粒径就越小。同时，岩石颗粒粒径小，也就反映出泥质砂岩中黏土含量和细粉砂含量的增大。因此，随泥质砂岩粒度中值减小，束缚水饱和度增大。

（3）孔隙比表面积：岩石孔隙的比表面积越大，岩石中的微小孔隙越发育，孔隙结构越复杂。由于泥质砂岩主要以亲水润湿为主，这些微孔隙中的地层水基本上是束缚的，因此，孔隙比表面积越大，束缚水饱和度越大。

（4）孔隙度：通常情况下，随着孔隙度的增大，束缚水饱和度减小。因为储层孔隙度大，孔隙结构相对较好，微孔所占比例较小，束缚水饱和度小。

二、计算束缚水饱和度经验公式

由于束缚水饱和度 S_{wi} 影响因素众多，早期多以经验统计公式计算储层的束缚水饱和度。早期的经验公式有：

（1）
$$S_{wi}=\frac{100}{3.228}\left[1.145-\lg\left(\frac{\phi}{V_{sh}}-0.25\right)\right] \quad (3-62)$$

如果 $\frac{\phi}{V_{sh}}<0.26$，令 $\frac{\phi}{V_{sh}}=0.26$；如果 $S_{wi}<15\%$，令 $S_{wi}=15\%$。

（2）
$$S_{wi}=\frac{1}{\phi_t}\left(\frac{R_{wb}}{R_t}\right)^{1/2} \quad (3-63)$$

式中，R_{wb}、R_t 分别为束缚水电阻率和地层电阻率。

（3）
$$S_{wi}=\frac{S_w}{1+B} \quad (3-64)$$

式中，$B=\frac{7.5(10^{\frac{SP}{81}}-1)}{(10^{\frac{SSP}{81}}-10^{\frac{SP}{81}})}$，SSP、SP 分别为静自然电位和自然电位。

（4）对于 $\phi \geq 0.25$，疏松砂岩：

$$\lg(S_{wi}) = 0.18 - 1.5\lg(M_d + 3.6)\lg\left(\frac{\phi}{0.18}\right) \quad (3-65)$$

$\phi \geq 0.25$，中等胶结砂岩：

$$\lg(S_{wi}) = 0.36 - 1.5\lg(M_d + 3.6)\lg\left(\frac{\phi}{0.1}\right) \quad (3-66)$$

$\phi \geq 0.25$，砂岩，

$$\lg(1 - S_{wi}) = 9.8\lg(M_d + 3.3)\lg\left(\frac{1-\phi}{0.71}\right) \quad (3-67)$$

式中，M_d 为粒度中值。

三、利用核磁共振测井计算束缚水饱和度

核磁共振测井 T_2 谱可提供孔隙孔径分布，束缚水多储集在小孔隙中，因此，可使用核磁共振测井横向弛豫时间 T_2 谱计算储层束缚水饱和度，如 T_2 谱截止值法、谱分析方法等。

1. T_2 谱截止值法

利用核磁共振横向弛豫时间 T_2 谱进行束缚水孔隙度估计，T_2 谱截止值法，即基于一个固定的 T_2 值（T_2 截止值），它把 T_2 谱分布分成两部分，一部分由包含束缚水的孔隙大小（BVI）组成，另一部分由包含自由流体的孔隙大小（FFI）组成（图 3-20）。T_2 截止值法是基于图中的小孔隙束缚水模型，束缚水储存在小孔隙当中，可动水储存在大孔隙当中，存在一个固定的 T_2 值将束缚水和可动水分开。

$$S_{wi} = \frac{BVI}{BVI + FFI} \quad (3-68)$$

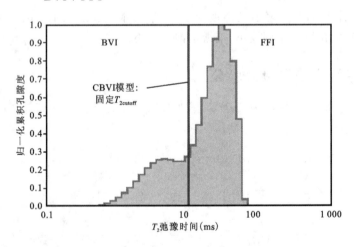

图 3-20　T_2 谱截止值法估计束缚水孔隙度（BVI）

实践中，可以通过岩芯实验的测量确定 T_2 截止值。对饱和水的岩芯进行核磁共振测量，得到岩石的饱和水 T_2 谱；然后在离心机上以一定的转速将岩芯中的可动水甩出，只剩下束缚水，再对岩芯进行核磁共振测量，得到岩石的离心 T_2 谱。对这两种 T_2 谱进行曲线累加，可以得到离心谱累加曲线的最大值（离心谱的孔隙度之和），在饱和谱的累加曲线纵坐标上找到此

数值,对应的横坐标值即为 T_2 截止值(图 3-21)。根据岩芯数据确定的 T_2 截止值,对实际的核磁共振测井 T_2 谱进行处理,便可得到储层的束缚水饱和度。

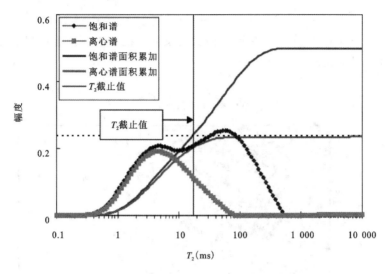

图 3-21 离心法确定 T_2 截止值示意图

2. 谱分析方法 SBVI

为了克服束缚水饱和度固定截止值法的缺点,发展了谱分析方法 SBVI。根据毛管压力曲线的理论,毛管压力 P_c 能够储存流体的最大孔喉半径为 $R_{Pc}=2\sigma/P_c$,(σ 为界面张力),此时,这些孔隙里面全部为束缚水。当孔喉半径大于 R_{Pc} 时,将会有薄膜束缚水的存在。

谱分析方法是基于给定孔隙中包含自由流体和束缚流体,以及考虑薄膜束缚水模型,即认为在大孔中也存在一定的束缚水,只是随着孔径的增大,束缚水比例有所下降(图 3-22)。

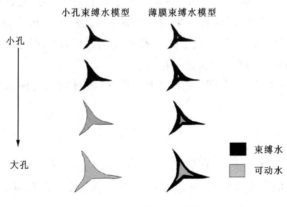

图 3-22 束缚水体积模型

谱分析方法 SBVI 认为弛豫时间的每一项都包含了束缚水的贡献,只是弛豫时间的大小不同,其对应的孔隙中包含的束缚水体积不一样。如图 3-23 所示,这样只要确定每个弛豫时

间项中束缚水所占的比例,给出各个 T_2 组分的束缚水权系数,即可按以下公式计算岩样的束缚水饱和度:

$$S_{wi} = \sum_i W_i T_{2i} \tag{3-69}$$

式中,$W_i = 100/(\alpha \cdot T_{2i}+1)$,$W_i$ 为各个 T_2 组分的束缚水权系数,T_{2i} 为 T_2 谱中的分量,α 为权系数(一般采用统计方法求出)。

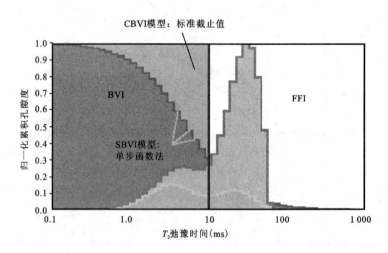

图 3-23　SBVI 谱分析法确定束缚流体原理图

四、确定地层绝对渗透率的方法

渗透率是指岩石传导流体的能力,在一定压差下,岩石允许流体通过的性质,即渗透性。通常用渗透率来表示岩石渗透性的大小。

绝对渗透率是岩石中允许一种流体(油或气或水)通过的能力,通常用气体测定,并简称为渗透率,用 K 表示。目前没有直接测量渗透率的测井方法,绝对渗透率的预测多采用统计模型。前人研究表明绝对渗透率与岩石孔隙度、孔隙结构及流体分布等参数有关,如束缚水饱和度、表征孔隙结构的毛管压力曲线、核磁共振 T_2 谱等。

目前国内外广泛应用孔隙度 ϕ 和束缚水饱和度 S_{wi} 统计它们与渗透率的关系,所建立的经验方程一般形式如下:

$$K^{\frac{1}{2}} = C \frac{\phi^x}{S_{wi}^y} \tag{3-70}$$

式中,K 为渗透率,$\times 10^{-3} \mu m^2$;ϕ 为孔隙度,小数;C、x、y 为地区经验系数,系数 C 与油气类型有关,对中等密度的原油常取 250;x、y 主要与岩性有关,对砂岩常取 $x=3$、$y=1$;S_{wi} 用小数表示。

利用核磁共振测井资料预测渗透率的方法可以选择两种:

一是基于 Timur-Coates 模型。

$$K = \left(\frac{\phi}{C_1}\right)^4 \times \left(\frac{FFI}{BVI}\right)^2 \tag{3-71}$$

二是基于斯伦贝谢道尔研究中心的 SDR 模型。

$$K = C_2 \times \phi^4 \times T_{2LM}^2 \qquad (3-72)$$

式中，K 为渗透率，$\times 10^{-3} \mu m^2$；ϕ 为孔隙度，百分数；FFI 为利用 T_2 分布计算的自由流体孔隙度，百分数；BVI 为利用 T_2 分布计算的束缚水孔隙度，百分数；T_{2LM} 为 T_2 分布的对数平均值，ms；C_1、C_2 为统计参数模型，通过实验数据刻度，通常为 10。

第五节　POR 程序（单孔隙模型解释方法）

POR 程序是一种单孔隙度测井泥质砂岩的分析程序，其主要特点是简单实用。所要求输入的测井曲线数量少，在地质情况比较简单的情况下可以得到较好的解释结果。

一、POR 程序的解释方法

1. 计算地层泥质含量

求泥质含量的基本思路是：先尽可能采用多种方法单独计算泥质含量，然后取其中最小值作为泥质含量，这是因为各种方法计算出的泥质含量反映的是泥质含量的上限值。POR 程序中最多可以采用 5 种最常用的方法：自然伽马（GR）、自然电位（SP）、补偿中子（CNL）、地层电阻率（RT）、中子寿命（NLL）计算泥质含量。

POR 程序中，各种方法均统一按下面的经验公式计算泥质含量：

$$SH_i = \frac{SHFG_i - GMN_i}{GMX_i - GMN_i} \quad (i = 1, 2, \cdots, 5) \qquad (3-73)$$

$$V_{shi} = \frac{2^{GCUR \times SH_i} - 1}{2^{GCUR} - 1} \qquad (3-74)$$

式中，$SHFG_i$ 为解释层段内第 i 条曲线测井值；GMN_i 为第 i 条曲线在纯砂岩处的测井值；GMX_i 为第 i 条曲线在纯泥岩处的测井值；SH_i 为第 i 条测井曲线计算的相对值；GCUR 为地区经验系数，第三纪地层为 3.7，老地层为 2，也可以由本地区实际资料统计获得；V_{shi} 为由第 i 条曲线求出的泥质含量；i 为任一条测井曲线，在程序中它们是按 GR、RT、SP、CNL、NLL 顺序排列。在进行具体计算时，可通过标识符 SHFG 的值来选用计算泥质含量的测井方法。

2. 计算地层孔隙度

POR 程序采用单矿物含水泥质岩石模型来计算孔隙度。可以通过程序控制标识符 PFG 来选用 3 种孔隙度测井中的任一种方法计算孔隙度。在实际计算时只进行泥质校正，而未作油气影响校正。

（1）密度测井（PFG=1）。

$$\phi = \frac{(\rho_b - \rho_{ma})}{(\rho_f - \rho_{ma})} - \frac{V_{sh} \times (\rho_{sh} - \rho_{ma})}{(\rho_f - \rho_{ma})} \qquad (3-75)$$

式中，ρ_b 为密度测井值，g/cm^3；ρ_f 与 ρ_{ma} 分别为孔隙流体和岩石骨架的密度值，g/cm^3。

(2)声波测井(PFG=2)。

$$\phi = \frac{(\Delta t - \Delta t_{ma})}{(\Delta t_f - \Delta t_{ma}) \times C_p} - \frac{V_{sh} \times (\Delta t - \Delta t_{ma})}{(\Delta t_f - \Delta t_{ma})} \quad (3-76)$$

式中,Δt 为声波时差,μs/m;Δt_f、Δt_{ma} 分别为孔隙流体与岩石骨架的声波时差值,μs/m;C_p 为地层的压实校正系数。

(3)补偿中子测井(PFG=3)。

一般采用忽略骨架含氢指数的计算方法,即:

$$\phi = \phi_N - V_{sh} \times \phi_{Nsh} \quad (3-77)$$

式中,ϕ_N 为补偿中子测井值,%;ϕ_{Nsh} 为泥质的中子测井值,%。

当 V_{sh} 大于泥质截止值(SHCT)时,认为地层为泥岩,此时程序将计算的孔隙度 ϕ 再乘以系数$(1-V_{sh})$,即 $\phi(1-V_{sh})$ 作为孔隙度值,以便把泥岩与砂岩区别开来。

3. 计算地层含水饱和度 S_w

可以通过选择含水饱和度标识符 SWOP,用下列 3 个公式之一计算含水饱和度。

(1)SWOP=1,采用西门杜 Simandoux 公式的简化形式:

$$S_w = \frac{1}{\phi}\left[\sqrt{\frac{0.81 R_w}{R_t}} - V_{sh}\frac{R_w}{0.4 R_{sh}}\right] \quad (3-78)$$

式中,R_w、R_t 和 R_{sh} 分别为地层水电阻率、地层电阻率和泥岩电阻率。

(2)SWOP=2,采用阿尔奇公式($b=1$)

$$S_w = \left(\frac{a \times R_w}{\phi^m \times R_t}\right)^{\frac{1}{n}} \quad (3-79)$$

通常取 $a=1,n=2$。

按 $m=1.87+0.019/\phi$ 计算 m,当 $m>4$ 时,取 $m=4$。当 $\phi>0.1$ 时,取 $m=2.1$。

(3)SWOP=3,仍用阿尔奇公式,但规定 $a=0.62, m=2.15, n=2$。

4. 计算地层渗透率

POR 程序中采用 Timur 公式计算地层绝对渗透率。

$$K = \frac{0.136 \times \phi^{4.4}}{S_{wi}^2} \quad (3-80)$$

式中,S_{wi} 为束缚水饱和度,%;ϕ 为孔隙度,%;K 为绝对渗透率,$\times 10^{-3}\ \mu m^2$。

5. 计算其他辅助地质参数

(1)计算地层含水孔隙度与冲洗带含水孔隙度。

地层含水孔隙度:$\phi_w = \phi \times S_w$ \quad (3-81)

冲洗带含水孔隙度:$\phi_{xo} = \phi \times S_{xo}$ \quad (3-82)

显然,两者之差 $\phi_{xo} - \phi_w = \phi(S_{xo} - S_w) = \phi_{MOS}$,$\phi_{MOS}$ 表示地层中可动油气孔隙度,而 $\phi - \phi_w$ 则表示地层中含油气孔隙度。

(2)经验法估计冲洗带残余油气饱和度 S_{or}。

$$S_{or} = SRHM \times (1 - S_w) \quad (3-83)$$

式中，SRHM 为残余油气饱和度与含油气饱和度相关的地区经验系数（隐含值0.5），测井数据 POR 程序处理成果如图 3-24 所示。

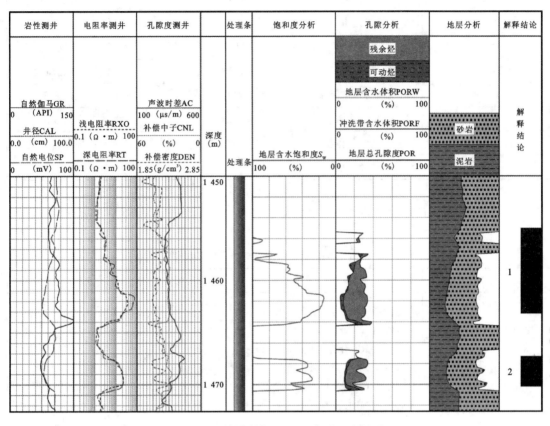

图 3-24 测井数据 POR 程序处理成果图

二、POR 程序的曲线及参数说明

表 3-6、表 3-7 为 POR 单孔隙度分析程序输入曲线、输出曲线名称及说明。

表 3-6 POR 单孔隙度分析程序输入曲线

曲线名称	说明	曲线名称	说明
GR	自然伽马	SP	自然电位
RT	深探测电阻率	RXO	浅探测电阻率
DEN	体积密度	CNL	补偿中子
AC	声波时差	CAL	井径
NLL	中子寿命	COND	感应电导率

表 3-7 POR 单孔隙度分析程序输出曲线

曲线名称	说明	曲线名称	说明
POR	孔隙度	PORT	总孔隙度
PERM	渗透率	SW	含水饱和度
SH	泥质含量	PORW	含水孔隙度
PORH	冲洗带残余烃重量	PORX	冲洗带残余烃孔隙度
RWA	视地层水电阻率	RMFA	视钻井滤液电阻率
BULK	出砂指数	PORF	冲洗带孔隙度
HF	累计油气体积	PF	累计孔隙体积
CALC	井径差值	CL	黏土含量

表 3-8 为 POR 单孔隙度分析程序参数说明。

表 3-8 POR 单孔隙度分析程序参数说明

序号	参数名称	参数说明	备注
1	SHFG	选择计算泥质含量控制参数 =1,使用 GR 计算泥质含量 =2,使用 RT 计算泥质含量 =3,使用 SP 计算泥质含量 =4,使用 CNL 计算泥质含量 =5,使用 NLL 计算泥质含量	隐含值为 1
2	GMN_1、GMX_1	纯砂岩和纯泥岩地层的自然伽马测井值	隐含值分别为 0 和 100
3	GMN_2、GMX_2	纯砂岩和纯泥岩地层的深探测电阻率值	隐含值分别为 0 和 100
4	GMN_3、GMX_3	纯砂岩和纯泥岩地层的自然电位测井值	隐含值分别为 0 和 100
5	GMN_4、GMX_4	纯砂岩和纯泥岩地层的补偿中子测井值	隐含值分别为 0 和 100
6	GMN_5、GMX_5	纯砂岩和纯泥岩地层的中子寿命测井值	隐含值分别为 100 和 2.5
7	GCUR	计算泥质含量经验系数,新地层用 3.7,老地层用 2	隐含值为 2
8	A、M	岩性系数和胶结指数	隐含值分别为 0.62 和 2.15
9	N	饱和度指数	隐含值为 2
10	DSH、NSH、RSH、TSH	泥岩的密度、中子、电阻率和时差	隐含值分别为 2.62、28、8 和 270
11	Rw、Rmf	地层水电阻率和钻井滤液电阻率	隐含值分别为 0.32 和 0.25
12	Df、Dg	流体密度和岩石骨架密度	隐含值分别为 1 和 2.65
13	Tf、Tm	流体时差和岩石骨架时差	隐含值分别为 620 和 180

续表 3-8

序号	参数名称	参数说明	备注
14	BITS	钻头直径	隐含值为 21.6
15	SIRR	束缚水饱和度	隐含值为 40
16	SWOP	选择含水饱和度公式控制参数 ＝1,用西门杜公式 ＝2,用阿尔奇公式,用计算的 M、A 值 ＝3,用阿尔奇公式,用参数中的 M、A 值	隐含值为 3
17	PFG	选择计算孔隙度控制参数 ＝1,用 DEN 计算孔隙度 ＝2,用 AC 计算孔隙度 ＝3,用 CNL 计算孔隙度	隐含值为 2
18	C	选择电阻率标志符 ＝0,用 RT ＝1,用 COND	隐含值为 0
19	AAC	声波时差附加校正值	隐含值为 0
20	ACNL	中子附加校正值	隐含值为 0
21	ADEN	密度附加校正值	隐含值为 0
22	AGR	自然伽马附加校正值	隐含值为 0
23	ANLL	中子寿命附加校正值	隐含值为 0
24	ART	深探测电阻率附加校正值	隐含值为 0
25	ASP	自然电位附加校正值	隐含值为 0
26	ACP	压实系数参数	隐含值为 0.203
27	BCP	压实系数参数	隐含值为 1.67
28	CP	压实系数参数	隐含值为 1
29	CPOP	压实校正标志 ＝0,不校正 ＝1,采用压实系数校正	隐含值为 0
30	HDY	油气密度	隐含值为 0.8
31	HF	累计油气初值	隐含值为 0
32	PF	累计孔隙度初值	隐含值为 0
33	SRHM	残余烃饱和度与含水饱和度比值	隐含值为 0.5

第六节 CRA 程序(复杂岩性解释方法)

CRA 是阿特拉斯公司的复杂岩性分析程序,其主要功能是:用 6 种方法计算泥质含量,利用交会图技术求孔隙度及两种岩石成分,计算次生孔隙度、含水饱和度、渗透率、视颗粒密度等参数。本节主要介绍 CRA 处理方法及步骤。

一、CRA 程序的解释方法

1. 计算地层的泥质含量 SH

CRA 程序最多可用 6 种方法计算泥质的相对体积 SH,通过标志符 SHFG 来选择(类似于 POR 程序)。其中前 5 种是用自然伽马 GR、补偿中子 CNL、自然电位 SP、中子寿命 NLL 和电阻率 RT;第 6 种是 Q 参数,主要反映分散泥质。选择泥质指示法标识符 SHFG 的填写也与 POR 程序相同,如 SHFG=12 345 表示用 5 种方法,此处数字的顺序可以调整,当用多种方法计算时,取其最小值作为采用值。

2. 计算孔隙度和岩性成分

CRA 程序设有 C_1、C_2、C_3 和 C_4 四种矿物成分,按其在交会图上的位置(图 3-25),可与水点构成 3 个三角形,由上往下顺序称为第一、第二、第三个三角形(C_1WC_2、C_2WC_3、C_3WC_4 等)。如资料点 B 落入某三角形内,就认为它是那两种矿物组成的岩石。矿物对可能是石英、方解石、白云石和硬石膏中的两种,即采用标准的四矿物选择法。解释人员可根据地质情况指定矿物成分的个数和属性,但最多不超过 4 种矿物;除了常用的密度-中子交会图,也可根据测井资料选择密度-声波或声波-中子交会图进行解释。

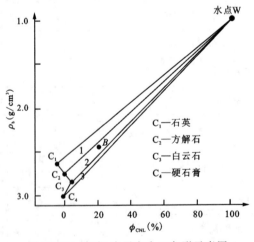

图 3-25 密度-中子交会三角形示意图

下面以第一个三角形为例,说明计算孔隙度和岩性成分的原理,设岩石孔隙度为 ϕ,矿物 C_1 和 C_2 的相对体积为 V_{C_1} 和 V_{C_2},其骨架参数为 ρ_{C_1}、ρ_{C_2} 和 ϕ_{N_1}、ϕ_{N_2},不考虑泥岩,则按含水纯岩石模型可以写出：

$$\begin{cases} 1 = \phi + V_{C_1} + V_{C_2} \\ \phi_b = \phi\rho_f + V_{C_1}\rho_{C_1} + V_{C_2}\rho_{C_2} \\ \phi_N = \phi\phi_{Nf} + V_{C_1}\phi_{N_1} + V_{C_2}\phi_{N_2} \end{cases} \quad (3-84)$$

为了写成数学上的规范化形式，令

$$\begin{cases} V_1 = \phi, V_2 = V_{C_1}, V_3 = V_{C_2} \\ y = \phi_b, y_1 = \rho_f, y_2 = \rho_{C_1}, y_3 = \rho_{C_2} \\ x = \phi_N, x_1 = \phi_{Nf}, x_2 = \phi_{N_1}, x_3 = \phi_{N_2} \end{cases} \quad (3-85)$$

则方程(3-84)变成：

$$\begin{cases} 1 = V_1 + V_2 + V_3 \\ y = V_1 y_1 + V_2 y_2 + V_3 y_3 \\ x = V_1 x_1 + V_2 x_2 + V_3 x_3 \end{cases} \quad (3-86)$$

其解为

$$\begin{cases} V_1 = A_1 x + B_1 y + C_1 \\ V_2 = A_2 x + B_2 y + C_2 \\ V_3 = 1 - V_1 - V_2 \end{cases} \quad (3-87)$$

式中

$$B_1 = \frac{x_2 - x_3}{D_1}, A_1 = \frac{y_3 - y_2}{D_1} = B_1 \frac{y_3 - y_2}{x_2 - x_3}, C_1 = -(A_1 x_3 + B_1 y_3),$$

$$D_1 = (x_2 - x_3)(y_1 - y_3) - (x_1 - x_3)(y_2 - y_3)$$

$$B_2 = \frac{x_1 - x_3}{D_2}, A_2 = \frac{y_3 - y_1}{D_2} = B_2 \frac{y_3 - y_1}{x_1 - x_3}, C_2 = -(A_2 x_3 + B_2 y_3),$$

$$D_2 = -D_1 = (x_1 - x_3)(y_2 - y_3) - (x_2 - x_3)(y_1 - y_3)$$

当 $x_2 = x_3$，

$$B_1 = 0, A_1 = \frac{1}{x_1 - x_3}, C_1 = -A_1 x_3, D_1 = -(x_1 - x_3)(y_2 - y_3)$$

当 $x_1 = x_3$，

$$B_2 = 0, A_2 = \frac{1}{x_2 - x_3}, C_2 = -A_2 x_3, D_2 = -(x_2 - x_3)(y_1 - y_3)$$

式(3-87)中的系数 A_1、B_1、C_1 和 A_2、B_2、C_2 称为交会图三角形系数，可根据已知的流体参数 ρ_f 和 ϕ_{Nf}，以及两个矿物的参数 ρ_{C_1}、ϕ_{N_1} 和 ρ_{C_2}、ϕ_{N_2}，按以上各式计算。

CRA 程序计算孔隙度和岩性成分的步骤如下：

(1) 计算三角形系数。设给出 4 个矿物，它们与水点构成 3 个三角形(图 3-25)。CRA 程序先后调用子程序计算这 3 个三角形的系数，为计算孔隙度和岩性成分作准备。

(2) 对孔隙度测井资料作泥质校正，校正公式为：

$$\begin{cases} \phi_N = \dfrac{\phi_{CNL} - V_{sh} \times \phi_{Nsh}}{1 - V_{sh}} \\ \rho_D = \dfrac{\rho_b - V_{sh} \times \rho_{sh}}{1 - V_{sh}} \\ \Delta t_c = \dfrac{\Delta t - V_{sh} \times \Delta t_{sh}}{1 - V_{sh}} \end{cases} \quad (3-88)$$

式中，ϕ_N 为校正后的补偿中子测井值，%；ϕ_{CNL} 为补偿中子测井值，%；V_{sh} 为泥质含量，%；ϕ_{Nsh} 为泥质的中子测井值，%；ρ_D 为校正后的密度测井值，g/cm³；ρ_b 为密度测井值，g/cm³；ρ_{sh} 为泥质的密度测井值，g/cm³；Δt_c 为校正后的声波时差测井值，μs/m；Δt 为声波时差测井值，μs/m；Δt_{sh} 为泥质的的声波时差测井值，μs/m。

(3)对每个资料点都用 3 个交会三角形求解式(3-87)。程序采用循环的方法，依次用每个三角形对资料点求解。

3. 计算其他地质参数

(1)计算地层含水饱和度 S_w 和冲洗带含水饱和度 S_{xo}。

方法与 POR 程序完全相同，为了显示含油性和可动油，与 POR 程序一样计算地层含水孔隙度和冲洗带含水孔隙度。

(2)计算缝洞孔隙度。

CRA 程序用经过泥质校正的声波时差 Δt_c 计算声波孔隙度，按下式计算缝洞孔隙度：

$$\phi_2 = \phi - \frac{\Delta t_c - \Delta t_{ma}}{\Delta t_f - \Delta t_{ma}} \times \frac{1}{C_p} \tag{3-89}$$

骨架时差 Δt_{ma} 和压实系数 C_p 都是输入的区域参数。若 $\phi_2 < 0$，取 $\phi_2 = 0$；若 $\phi_2 > 0.8\phi$，取 $\phi_2 = 0.8\phi$。

(3)计算渗透率。采用 Timur 公式。

二、CRA 程序的曲线及参数说明

CRA 程序的输入曲线见表 3-9。

表 3-9　CRA 程序输入曲线说明

曲线名称	说明	曲线名称	说明
GR	自然伽马	RT	深探测电阻率
RXO	冲洗带电阻率	SP	自然电位
AC	声波时差	CNL	补偿中子
DEN	体积密度	CAL	井径
TC	能谱测井总计数率	K40	能谱测井钾
THOR	能谱测井钍	UR	能谱测井铀
PORS	井壁中子(%)	SGMA	中子寿命总计数率
G2	中子寿命测井 G2 计数率	RATO	中子寿命短/长之比
TPI	钍-钾指数		

CRA 程序的输入参数见表 3-10。

表 3－10 CRA 程序参数说明

序号	参数名称	参数说明	备注
1	ANA、ANAS、ANN、ANNS	当 SHFG＝23 时,用中子-声波交会求泥质含量的参数,它们分别表示骨架的声波时差、泥岩层的声波时差、骨架的中子值和泥岩层的中子值	隐含分别为 47.5,85,0 和 25,(声波时差单位:μs/ft),后面相同
2	DAA、DAAS、DAD、DADS	当 SHFG＝22 时,用声波-密度交会求泥质含量的参数,它们分别表示骨架的声波时差、泥岩层的声波时差、骨架的密度值和泥岩层的密度值	隐含分别为 47.5,85,2.71 和 2.62
3	DNC、DNCS、DND、DNDS	当 SHFG＝21 时,用中子-密度交会求泥质含量的参数,它们分别表示骨架的中子值、泥岩层的中子值、骨架的密度值、泥岩的密度值	隐含值分别为 0,25,2.71 和 2.62
4	DSH,TSH,NSH	泥岩的密度、声波时差和中子值	隐含值分别为 2.62,85 和 25
5	ASH	阿尔奇 A 常数,使用 M-N 交会图计算 SH	隐含值为 1
6	MNOF	偏移值,在使用 M-N 交会图时	隐含值为 0
7	MSH	阿尔奇 M 常数,使用 M-N 交会图计算 SH	隐含值为 2
8	PASS	开关参数标志 ＝1,第一次运行作为预处理 ＝2,第二次运行作为结果处理	隐含值为 2
9	PU	未使用	
10	ACP	压实系数	隐含值为 0.203
11	BCP	压实系数	隐含值为 1.67
12	CP	压实系数	隐含值为 1
13	CPOP	压实校正标志 ＝0,不校正 ＝1,采用压实系数校正	隐含值为 0
14	CPSH	无论哪一种交会方法求泥质含量,只要有声波时,必须给定压实校正系数	隐含值为 1
15	NFM	井眼未垮塌的纯地层的最大中子值	隐含值为 100
16	DF	流体的密度值	隐含值为 1

续表 3-10

序号	参数名称	参数说明	备注
17	DFM	井眼未垮塌的纯地层的最小密度值	隐含值为 1
18	DG	骨架密度值	隐含值分别为 2.71
19	PRFG	选择孔隙度计算标志 =1 用中子-密度交会（D-N） =2 用中子-声波交会（D-A） =3 仅用密度测井 =4 仅用声波测井 =5 仅用中子测井	隐含值为 1
20	TF	流体声波时差值	隐含值为 189
21	TFM	井眼未垮塌的纯地层的最大声波时差值	隐含值为 189
22	TM	骨架声波时差值	隐含值为 47.5
23	TMMX	最大的骨架声波时差值	隐含值为 65
24	TMSH	干黏土骨架声波时差值	隐含值为 60
25	DGMN	最小的骨架密度值	隐含值为 2.5
26	BH	选择进行井眼编辑标志 =0,进行井眼编辑 =1,不进行井眼编辑	隐含值 1
27	BHT	井底温度	隐含值 25
28	BITS	钻头直径	隐含值 7.875
29	DHC	油气密度	隐含值为 1
30	GRAD	地区的地温梯度	隐含值为 0
31	HCR	油气参数校正标志	隐含值为 0
32	RDEP	选择 R_w 处的深度	隐含值 40 000
33	RLIM	纯砂岩最大电阻率	隐含值 200
34	SMF	泥浆滤液矿化度	隐含值为 1（单位为 $\times 10^{-6}$）
35	SXOL	计算 S_{xo} 指数上限值	隐含值为 5

续表 3-10

序号	参数名称	参数说明	备注
36	PMSH	中子、密度或声波校正加权系数。中子、密度或声波作仪器统计误差校正时使用 =0 只对中子校正 =0.5 对中子和密度(声波)作等量校正 =1 只对密度或声波校正	隐含值均为 0.5
37	A	岩性系数	隐含值为 1
38	M	胶结指数	隐含值为 2
39	N	饱和度指数	隐含值为 2
40	CNFG	中子刻度类型标志 =0 百分数 =1 小数	隐含值为 0
41	R_w	地层水电阻率	隐含值为 10
42	R_{mf}	泥浆滤液电阻率	隐含值为 0.1
43	R_{sh}	泥岩电阻率	隐含值为 6
44	SWOP	选择含水饱和度计算公式的标志 =1 用汉布尔-阿尔奇公式 =2 用费特公式 =3 用 SHELL 公式 =4 用西门杜公式 =5 用印度尼西亚公式 =6 用 BORAI 公式	隐含值为 1
45	SIRR	束缚水饱和度	隐含值为 40
46	SWCN	选择中子测井仪类型的标志 =0 不用中子测井 =1 用补偿中子测井(CNL) =2 用井壁中子测井(PORS)	隐含值为 1
47	SHCT	泥质含量截止值	隐含值为 100
48	GC1、GC2、GC3、GC4、GCE	分别为泥质计算标志 GR、TC、K40、TH 和 TPI 时,计算泥质含量用的经验指数 =0.001 线性逼近 =2 用于老地层 =3.7 第三系地层	隐含值均为 2

续表 3-10

序号	参数名称	参数说明	备注
49	SHFG	选择计算泥质含量控制参数 ＝0 不计算泥质含量 ＝1 用 GR ＝2 用 TC ＝3 用 K40 ＝4 用 TH ＝5 用 CNL 或 PORS ＝6 用 SGMA ＝7 用 RATO ＝8 用 G2 ＝9 用 SP ＝10 用 AC ＝14 用 TPI ＝20 用 RT ＝21D/N（中子-密度交会） ＝22D/A（声波-密度交会） ＝23A/N（中子-声波交会）	隐含值为 1
50	SMN1、SMX1	纯地层的 GR 最小值和泥岩层的 GR 最大值	隐含值分别为 0 和 100
51	SMN9、SMX9	纯地层的 SP 最小值和泥岩层的 SP 最大值	隐含值分别为 0 和 100
52	SHF2—SHFN	这 21 个参数暂时未用	
53	SMN2	TC 曲线在纯砂岩段最小值	隐含值为 0
54	SMN3	K 曲线在纯砂岩段最小值	隐含值为 0
55	SMN4	TH 曲线在纯砂岩段最小值	隐含值为 0
56	SMN5	CNL 曲线在纯砂岩段最小值	隐含值为 0
57	SMN6	SGMA 曲线在纯砂岩段最小值	隐含值为 0
58	SMN7	RATO 曲线在纯砂岩段最小值	隐含值为 0
59	SMN8	G2 曲线在纯砂岩段最小值	隐含值为 0
60	SMNA	AC 曲线在纯砂岩段最小值	隐含值为 47.5
61	SMNE	TPI 曲线在纯砂岩段最小值	隐含值为 0
62	SMX2	TC 曲线在泥岩段最大值	隐含值一般为 100
63	SMX3	K 曲线在泥岩段最大值	隐含值一般为 100
64	SMX4	TH 曲线在泥岩段最大值	隐含值一般为 100
65	SMX5	CNL 曲线在泥岩段最大值	隐含值一般为 25
66	SMX6	SGMA 曲线在泥岩段最大值	隐含值一般为 100
67	SMX7	RATO 曲线在泥岩段最大值	隐含值一般为 100

续表 3-10

序号	参数名称	参数说明	备注
68	SMX8	G2 曲线在泥岩段最大值	隐含值一般为 100
69	SMXA	AC 曲线在泥岩段最大值	隐含值一般为 85
70	SMXE	TPI 曲线在泥岩段最大值	隐含值一般为 50
71	ANHY	在计算矿物体积时,石膏是否存在的标志 =1 有石膏 =0 无石膏	隐含值为 1
72	SAND	在计算矿物体积时,砂岩是否存在的标志 =1 有砂岩 =0 无砂岩	隐含值为 1
73	LIME	在计算矿物体积时,石灰岩矿物存在的标志 =1 有石灰岩 =0 无石灰岩	隐含值为 1
74	DOLO	在计算矿物体积时,白云岩矿物存在的标志 =1 有白云岩 =0 无白云岩	隐含值为 1
75	M1X、M1Y、M2X、M2Y、M3X、M3Y、M4X、M4Y	对应于 4 种附加矿物(m1,m2,m3,m4)在 X-Y 交会图上的骨架值	若等于 -9999,表示不存在此种矿物
76	AAC、ACAL、ACNL、ACON、ACRX、A-DEN、ART、ARXO	分别为 AC、CAL、CNL、CON、ACRX、DEN、RT、RXO 的附加校正值	隐含值均为 0
77	MNEU	NEU 乘法因子	隐含值均为 1
78	C1X	砂岩的中子骨架值	隐含值为 -4
79	C1Y	砂岩的密度或声波骨架(缺省为密度)	隐含值为 2.65
80	C2X	石灰岩的中子骨架值	隐含值为 0
81	C2Y	石灰岩的密度或声波骨架(缺省为密度)	隐含值为 2.71
82	C3X	白云岩的中子骨架值	隐含值为 -6
83	C3Y	白云岩的密度或声波骨架(缺省为密度)	隐含值为 2.87
84	C4X	硬石膏的中子骨架值	隐含值为 0
85	C4Y	硬石膏的密度或声波骨架(缺省为密度)	隐含值为 2.98

CRA 程序的输出曲线见表 3-11。

表 3-11 CRA 程序输出曲线

曲线名称	说明	曲线名称	说明
ANHY	硬石膏体积	DOLO	白云岩体积
LIME	石灰岩体积	SAND	砂岩体积
C_1	附加矿物 1 的体积	C_2	附加矿物 2 的体积
C_3	附加矿物 3 的体积	C_4	附加矿物 4 的体积
SH	泥质含量	PORT	总孔隙度
POR	有效孔隙度	PORW	地层含水孔隙度
POR2	次生孔隙度	PORF	冲洗带含水孔隙度
SW	地层含水饱和度	SXO	冲洗带含水饱和度
PERM	渗透率	CDEN	密度最终校正值
CNEU	中子最终校正值	DGA	视颗粒密度值
TMA	视骨架声波时差值	RWA	视地层水电阻率
RMFA	视泥浆滤液电阻率	CALC	井径差值
IBV	累积井眼体积	HYCW	单位地层的含烃重量
HYCV	单位地层的含烃体积	TPI	钍钾指数

第四章 储层的测井特征及评价

储层评价是指利用测井资料及测井电性特征划分岩性和储集层，评价储集层的岩性（矿物成分和泥质含量）、储集物性（孔隙度、渗透率）、含油性（含油气饱和度、含水饱和度）、电性（各类测井响应）等特征，分析评价储层开发过程中的产能及油、气、水产液量的变化。

储集层是形成油气藏的基本要素，是测井地层评价的基本对象，不同类型的储集层具有不同的地质特征和测井响应特征。本章主要围绕砂岩油气层、碳酸盐岩油气层、火山岩油气层、页岩气储层及煤层气储层等几类油气层的测井响应特征及评价分析进行介绍。

第一节 储层的测井特征及评价要点

石油和天然气储藏在地下的岩石中，一般需要具备两个条件：一是具有一定孔隙空间（孔隙、裂缝和孔洞等）；二是孔隙、裂缝和孔洞之间相互连通，形成油、气、水流动的通道（一定的渗透性），这样的岩石才能储集油、气、水，即为储集层。能够储存油、气、水的岩石很多，但按岩性可以分为砂岩储层、碳酸盐岩储层和其他特殊岩性的储层等。

反映储层性质的基本参数包括孔隙度、渗透率、含油气饱和度、含水饱和度、储层厚度等。用测井资料进行地层评价，就是要通过测井资料的综合解释确定储层的这些参数，对储层的性质进行综合评价。

开展储层测井评价一般需要收集大量资料，包括直接反映地层情况的第一手资料和间接反映地层情况的测井资料。

直接反映地层情况的第一手资料包括钻井、钻井取芯、井壁取芯、岩屑录井、气测井、试油试水以及对岩石岩芯、油气水的实验分析资料等。

掌握岩性、物性、电性和含油性四性关系是测井资料综合解释和评价油气层的关键。其中，岩性主要指储集层的岩性类型，如砂岩储层、碳酸盐岩储层等，或者多种岩性的组合。物性指岩石的孔隙性和渗透性，与岩石的结构特征相关。电性主要指各种测井的响应特征。含油性包括含油气饱和度（或束缚水饱和度）、可动油分析等。

测井资料具有准确性、连续性、成本低和时效高的特点，能够定性划分岩性和储层，定量提供储层的岩性、物性和含油性参数。和第一性资料结合起来，将有效地、准确地提供储层的评价信息。

对于油气勘探开发来说，储层的评价包括以下内容：

(1)准确确定岩层界面和深度，详细划分薄层；
(2)划分岩性和渗透层（储层）；
(3)结合泥浆的侵入特征，划分油层、气层、水层等储集层；

(4)探测储层不同径向深度的电阻率,了解储层电阻率的径向变化特征,特别是冲洗带和侵入带;

(5)计算油层、气层、水层的孔隙度、含油气饱和度、含水饱和度、渗透率和有效厚度,以及计算岩石矿物成分、泥质含量、油气密度等,定性和定量评价储集层。

测井解释评价的一般步骤如下:

(1)资料准备:收集整理测井资料以及与解释评价有关的其他资料;

(2)数据处理:文件组合、深度对齐、曲线处理、环境校正等;

(3)定性分析:划分储集层段,判断岩性、物性、含油性;

(4)定量解释:选择确定解释模型及参数,计算储集层特性参数,参数反演等;

(5)质量检验:检查解释结果是否正确、可靠,分析解决存在的问题;

(6)总结报告:总结定性分析与定量解释成果,做出测井解释报告。

定性划分岩性是利用测井曲线形态特征和测井曲线值相对大小,从长期生产实践中积累起来的划分岩性的规律性认识。解释人员首先要掌握岩性区域地质特点,如井剖面岩性特征、基本岩性特征、特殊岩性特征、层系和岩性组合特征及标准层特征等。然后,要阅读有关地质报告,结合测井曲线查看几口井的岩屑或岩芯实物,总结本地区的岩性与测井特征之间的关系,总结出用测井资料识别岩性的规律。最后,要通过钻井取芯和岩屑录井资料与测井资料作对比分析,总结出用测井资料划分岩性的地区规律。

综合利用测井曲线识别岩性,对于测井解释有重要意义,例如骨架参数的选取、解释方法和解释程序的优选、油水层解释标准的确定等,都需要首先知道储集层的岩性。

一、砂岩储层的测井响应特征

碎屑岩主要由各种岩石碎屑、矿物碎屑、胶结物(如泥质、石灰质、硅质和铁质)及孔隙空间组成,决定碎屑岩岩性特征的主要是碎屑的成分和颗粒大小(即粒径),按其颗粒大小,可把碎屑岩分为砾岩、砂岩、粉砂岩和泥岩等。

碎屑岩储层一般以砂泥岩剖面的储层为主,这类储层的基本岩性是砂岩、粉砂岩以及少数砾岩,个别地区可能还有薄层碳酸盐岩储集层。储层的上、下围岩都是厚度较大的泥页岩隔层。

一般采用常规测井系列便可准确地将砂泥岩剖面中的渗透性地层划分出来。常用的测井方法有自然电位 SP(或自然伽马 GR)、微电极系测井(ML)及井径测井(CAL)等。

这些测井资料具有以下特点:

(1)自然电位曲线。淡水钻井液(泥浆)钻井时,砂泥岩剖面储层具有明显的自然电位异常,当钻井液滤液电阻率(R_{mf})大于地层水电阻率(R_w)时,渗透性地层在自然电位曲线上相对于泥页岩基线显示为负异常;反之,当钻井液滤液电阻率(R_{mf})小于地层水电阻率(R_w)时,渗透性地层在自然电位曲线上相对于泥页岩基线显示为正异常。

对同一地层水系的地层,异常程度取决于地层的泥质含量和 R_{mf}/R_w 比值,R_{mf}/R_w 比值越接近于1,异常幅度越小,反之越大;随地层泥质含量增加,自然电位异常幅度会减小。

如果是盐水钻井液(如膏岩剖面的砂岩储层,或海水钻井液钻井,或淡水钻井液钻井遇高压盐水层以后等,均可使钻井液含盐量很高,这些情况称为盐水钻井液),自然电位曲线可能平直不能用于划分储层,则用自然伽马划分储层,在砂岩储层段,会有低自然伽马异常,这是盐水钻井液中划分储层的主要标志。

(2) 微电极测井曲线。淡水钻井液钻井时,在微梯度和微电位电阻率曲线重叠时,微电极曲线有明显的正幅度差(微电位大于微梯度)。一般泥岩层微电极为低读数,没有或只有很小的正或负的幅度差;而砂岩储层微电极读数为中等,有明显的正幅度差。砂岩中的灰质致密夹层,微电位有明显的高尖峰,而幅度差可大可小、可正可负;泥岩夹层有明显的低读数,没有或有小的正幅度差。

渗透性地层处有明显的正幅度差,渗透性越好,正幅度差越大。根据微电极测井曲线划分渗透性地层的一般原则是:当视电阻率 R_a 小于 10 倍泥浆电阻率 R_m,即 $R_a \leqslant 10R_m$ 时,具有较大的幅度差,则为渗透性好的地层;当 $10R_m < R_a \leqslant 20R_m$ 时,具有较小的幅度差,则为渗透性较差的地层;当 $R_a > 20R_m$,且曲线呈尖锐的锯齿变化,幅度差大小、正负不定时,则为非渗透性致密地层。

砂岩中的岩性界面、岩性变化、沉积韵律特征,在所有与岩性有关的测井曲线上都会有不同程度的显示。微电极测井曲线划分渗透层的实质是它能反映泥饼的存在,微电极测井曲线径向探测深度浅,在渗透性地层处受泥饼影响大。

(3) 自然伽马曲线。通常情况下,一口井中,泥页岩在自然伽马测井曲线上显示最高值,纯砂岩地层在自然伽马测井曲线上显示最低值。在砂泥岩地层中,随着泥质含量的增加,自然伽马曲线值逐渐增大。

(4) 井径曲线。在砂泥岩剖面的渗透性地层处,由于泥浆侵入会在井壁表面形成厚度不等的泥饼,实测井径值一般小于钻头直径,且井径曲线 CAL 较平直,而泥岩、未胶结砂岩(或砾岩)的井径可能会扩大,因此,可参考井径曲线的变化来划分渗透层。

如图 4-1 中 37 号、38 号、39 号和 40 号层所示,碎屑岩剖面储集层在测井资料上具有相当明显的特征标志。

(1) 井壁上存在一定厚度的泥饼,在测井曲线上表现为井径缩小,即实测井径小于或接近钻头直径;在微电极曲线上表现为中等视电阻率,曲线变化平缓,具有明显的正幅度差。

(2) 泥浆侵入储集层,形成侵入带,因而用不同探测深度的电阻率测井(长、短梯度电极系,深、浅侧向测井,深、中感应测井)可以反映地层电阻率有明显的差异,即存在径向电阻率的梯度变化。

(3) 碎屑岩剖面上的储集层中泥质含量都较低,在自然电位曲线上表现为明显的负异常($R_{mf} > R_w$),或自然伽马曲线上显示为明显的低值。

以上是碎屑岩储集层在一般正常情况下所具有的特征标志,在非正常情况下,特别是在泥浆性能变坏、泥浆不均匀或测井曲线质量较差时要特别注意,应综合分析孔隙度测井曲线,如中子测井曲线、声波时差测井曲线、密度测井曲线来划分储集层。

一般,先用 SP(或 GR)曲线、ML 曲线及井径曲线确定渗透层位置后,再用 ML 曲线准确确定渗透层上、下界面。除了微电极曲线外,感应测井曲线或双侧向测井曲线与微球聚焦测井曲线重叠在一起,也能很好地区分出渗透性地层。通常,在渗透性地层中,由于钻井液侵入,不同探测深度的电阻率曲线将出现分离。

划分渗透层的目的是为了逐层评价可能含油气的一切层位,因此,一切可能的含油气层都要划分出来,而且要适当划分明显的水层,如图 4-2 所示,19、20 号层为气层,28、29 号层为油层,25 号层为含油水层。

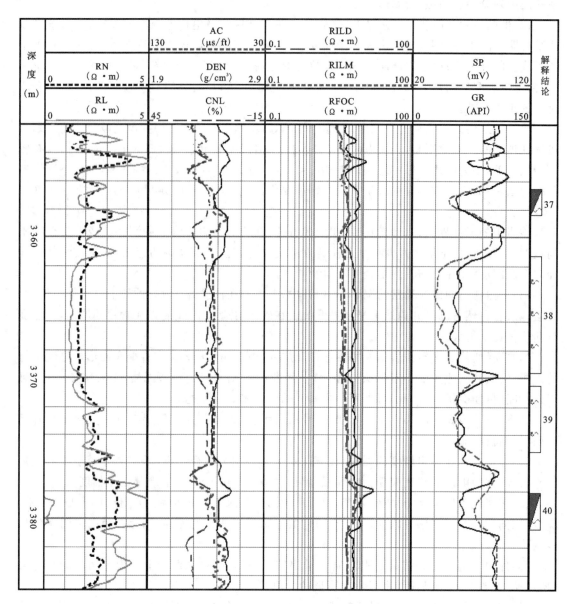

图 4-1 砂泥岩剖面测井图实例

对于 19、20 号气层：

(1)自然电位 SP 为负异常,异常幅度差小于水层。自然伽马值偏低,与泥岩段相比较,为负异常。

(2)深探测电阻率较高,即深感应 RILD 的值在 10Ω·m 左右,有一定的低侵现象。

(3)声波时差 AC 偏大,且变化较大,为周波跳跃特征。密度 DEN 测井值偏小,中子孔隙度 CNL 测井值偏小,两者形成明显的重叠差异,显示气层的典型特征。

对于 28、29 号油层：

(1)自然电位 SP 为明显负异常,自然伽马值偏低,与非渗透层段相比较,为明显负异常。

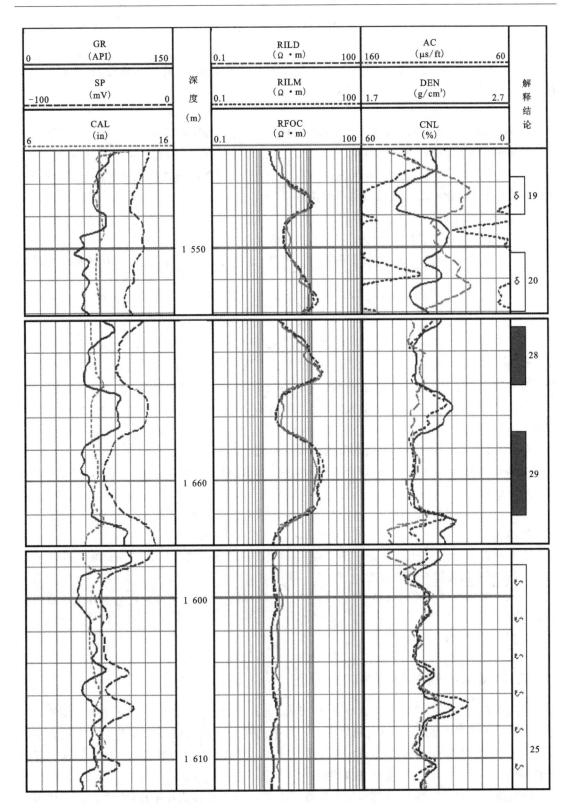

图 4-2 气层、油层、含油水层测井综合图实例

(2)深探测电阻率较高,即深感应 RILD 的值在 15Ω·m 左右,有一定的低侵现象,特别是 29 号层段,低侵明显。

(3)声波时差 AC 值、密度 DEN 测井值和中子孔隙度 CNL 测井值均较稳定,几者可以反映地层的孔隙特性。

对于 25 号含油水层:

(1)自然电位 SP 为明显负异常,自然伽马值偏低,与非渗透层段相比较,为明显负异常。

(2)深探测电阻率较低,即深感应 RILD 的值在 1.5Ω·m 左右,有一定的高侵现象。

(3)声波时差 AC 值、密度 DEN 测井值和中子孔隙度 CNL 测井值有一定的起伏,在合理的范围内变化,几者可以反映地层的孔隙特性。

分层时应注意以下几点:

(1)估计为油层、气层、油水同层和含油水层的储层,都必须分层解释。

(2)厚度在 0.5m 以上的电性可疑层(测井资料显示有油气的地层)或录井显示较好的储层必须分层。

(3)选择出来的确定地层水电阻率的标准水层(厚度较大、岩性纯、不含油)必须分层。

(4)每个解释井段内,以自然电位或自然伽马的明显异常找出储层,根据测井资料、录井显示和与邻井对比,找出最明显的水层和最可能的油气层,然后,把其他储层与之逐一比较,并相互比较,按分层要求找出其他可能含油气的层位。在同一个解释井段内,假定油气层与纯水层岩性和孔隙度基本相同,则它们的主要区别是:纯水层深探测电阻率最低,油气层是它的 3~5 倍或以上;纯水层自然电位异常最大,油气层明显偏小;水层高侵特征,油气层低侵或无侵入特征。

(5)用水平分层线逐一标出所划分的储集层界面。

①画分层线时,应左右兼顾,综合考虑微电极、自然伽马、自然电位、电阻率、孔隙度类曲线的响应特征,照顾到所有曲线的合理性。

②油层、气层和油水同层中夹有厚度在 0.5m 以上的非渗透夹层时,应把夹层上、下分为两个层解释。

③遇到岩性渐变层的顶界(顶部渐变层)和底界(底部渐变层)时,层界面定在岩性渐变结束,纯泥岩或非储集层开始的深度。

④在一个厚度较大的储集层中,如有两种以上解释结论,应按解释结论分为几个小些的层分别解释。

⑤分层深度误差不应大于 0.1m。

二、碳酸盐岩储层的测井响应特征

碳酸盐岩剖面的主要岩类是石灰岩、白云岩,也有泥岩、部分硬石膏以及这些岩类的过渡岩。储集层主要是在致密、巨厚石灰岩或白云岩中的孔(洞)隙和裂缝发育带,上、下围岩是岩性相同的致密碳酸盐岩,而不是泥岩,这就是碳酸盐岩剖面的典型特征。常见的碳酸盐岩有石灰岩、白云岩、生物碎屑灰岩、鲕状灰岩等。

碳酸盐岩一般比较致密、性脆和化学性质不稳定,容易形成各式各样的裂缝和溶洞。因而碳酸盐岩储集层常见的孔隙空间有晶间孔隙、粒间孔隙、鲕状孔隙、生物腔体孔隙、裂隙和溶洞等。

实践中发现，碳酸盐岩剖面中的储集层具有"三低二高一小"的测井响应规律，即低电阻率、低自然伽马、低中子伽马，高声波时差、高中子孔隙度值，密度值小。在裂缝发育带或扩径段，声波时差曲线会出现周波跳跃。

在碳酸盐岩剖面划分储集层的具体方法可以有两种：一是先找出低阻、高孔隙度显示的层段，然后去掉自然伽马相对高值的泥质层，其余地层则为渗透性地层；二是根据自然伽马低值找出比较纯的碳酸盐岩地层，再去掉其中相对高阻和低孔隙度显示的致密层段，剩下的地层即为渗透性地层。储集层界面划分主要以分层能力较强的曲线为准。

碳酸盐岩剖面储集层由于其孔隙或裂缝发育，泥浆滤液的侵入造成电阻率明显降低（低于围岩），成为区分碳酸盐岩储层与非储层的一个重要标志，电阻率降低的数值与裂缝的发育程度有关，通常可低至数百欧姆·米甚至数十欧姆·米。在孔隙度测井曲线上，储集层的显示特征也较明显，即相对于致密层有较高的时差值、较低的密度值和较大的中子孔隙度读数。特别是当裂缝较发育时，声波曲线还常显示出较明显的周波跳跃特征。

自然电位测井在碳酸盐岩剖面一般使用效果不好，为区分岩性和划分渗透层（非泥质地层），须采用自然伽马测井；由于储集层常具有裂缝、溶洞，为评价其孔隙度一般需要采用中子（或密度）测井和只反映原生孔隙的声波测井组合使用。

划分碳酸盐岩剖面的岩性可用常规的自然伽马、径向电阻率和孔隙度测井（声波、密度和中子）曲线。通常，泥岩层具有高自然伽马、低电阻率和高时差、低密度及高中子孔隙度等特征；致密的纯石灰岩、纯白云岩，具有低自然伽马，电阻率值高达数千欧姆·米甚至上万欧姆·米的特征，且在孔隙度测井曲线上有较典型的特征值。例如：

石灰岩：$\Delta t=47.5\mu s/ft(1ft=0.3048m)$，$\rho_b=2.71g/cm^3$，$\phi_N=0$。

白云岩：$\Delta t=43.5\mu s/ft$，$\rho_b=2.87g/cm^3$，$\phi_N=0.04$。

硬石膏：自然伽马为剖面最低值，电阻率为最高值，且体积密度最大（$\rho_b=2.98g/cm^3$），很容易识别。

1. 排除几种非储层（图 4-3）

(1) 致密层：电阻率值高，通常深侧向测井电阻率在 2000Ω·m 以上；3 种孔隙度测井的视孔隙度为低值，一般低于 1%；自然伽马低值，通常致密白云岩、灰岩、硬石膏的自然伽马值低于 10API。

(2) 高含泥质层：高含泥质层的自然放射性高，尤其是以钍、钾含量高为主要特征；另外，电阻率为低值，3 种孔隙度测井的响应为：声波时差会增高、中子孔隙度明显增大、密度测井值略有降低。但如地层中含硬石膏或黄铁矿等重矿物，密度测井值不但不降，还会有一定程度的增高。

(3) 碳质层：自然伽马放射性不高、中子孔隙度为高值、密度测井为低值、声波时差为高值，这些特征与碳酸盐岩储层特征非常相似，所不同的是电阻率值偏高。

(4) 非均质岩石构造：常规测井响应特征与储层非常相似，如果没有成像测井，识别起来比较困难，通常是结合区域地质分布规律，应用各种测井信息综合判别。

(5) 硬石膏层：电阻率值很高，光电吸收截面指数 Pe 值高，密度值高于石灰岩和白云岩，3 种孔隙度测井的视孔隙度均接近于零，自然伽马值很低。

(6) 盐岩层：电阻率较高，井径扩大严重，使得浅探测的电阻率测井主要反映钻井液的响应值，自然伽马值低。

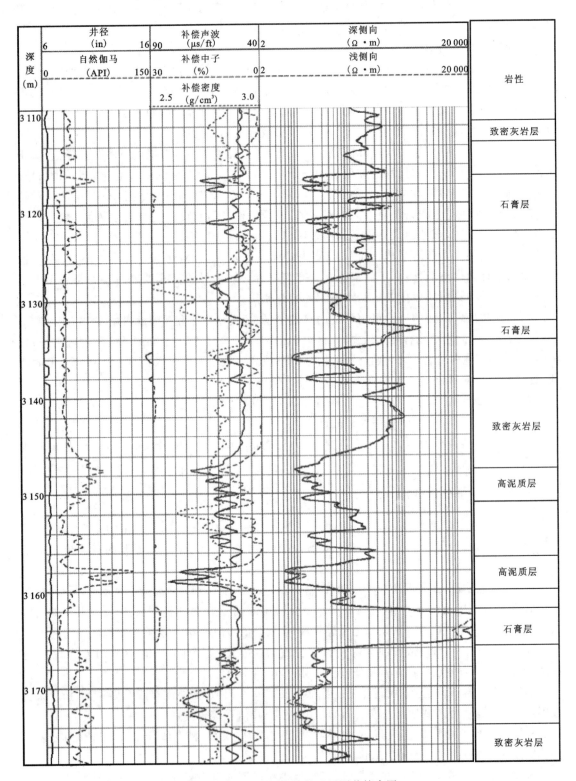

图 4-3 几种不同岩性的地层测井综合图

2. 寻找相对低电阻率的层段

除了纯裂缝型储层外,碳酸盐岩储层都有一定的基质孔隙度,在排除明显非储层的前提下,如果声波时差值增高、密度测井值降低、中子也有一定的孔隙度,则可能是储层;同时分析电阻率测井值,若在高阻背景下也有一定程度的降低,这种层段一般具备一定储集条件。

3. 寻找缝、洞发育的层段

裂缝型储层的测井响应特征与具有一定基质孔隙度的孔隙、孔洞型储层测井响应特征的区别较大,并且不同产状的裂缝,其测井响应特征也不相同。因此,在没有成像测井信息时,通常根据双侧向测井的幅度和差异、声波波形和变密度形态特征、裂缝识别测井方法等综合分析划分裂缝发育段。如有成像测井资料,寻找裂缝发育段则比较直观和简单,只需在成像测井图像上进行人工识别即可。

划分碳酸盐岩储层,就是在巨厚的致密碳酸盐岩层中划分出裂缝和孔(洞)隙发育带;在划分储集层时,如果只有低阻和高孔隙度显示,而没有明显低的自然伽马,则可能是泥岩或泥质碳酸盐岩地层;如果只有明显低的自然伽马,而没有相对低的电阻率和相对高的孔隙度显示,则是纯致密碳酸盐岩地层。

三、火山岩储层的测井响应特征

火成岩即岩浆岩,是由岩浆冷凝固结所形成的岩石。按其在地壳中形成的部位可以分为侵入岩和喷出岩(火山岩)两大类。岩浆侵入到地壳一定部位后冷凝固结的岩浆岩叫侵入岩,在地壳深部(一般限定的深度为大于 3 000m)形成的叫深成岩;在地壳浅部(一般限定的深度为 1 500~3 000m)形成的叫浅成岩。

火山活动中岩浆溢出或喷出地表冷凝固结的岩石叫喷出岩,也叫火山岩。岩浆溢出地表的熔岩叫火山熔岩,属于溢流相;由爆发性火山活动产生的火山碎屑堆积物固结而成的岩石,叫火山碎屑岩,属于火山岩爆发相。随着矿物组成的变化和矿物相对含量的多少,构成了超基性、基性、中性、酸性和碱性火山岩。

火山岩的测井响应特征是岩石的成分、结构、热液蚀变、孔缝发育程度和含油性的综合反映,火山岩地层测井综合图如图 4-4 所示。火山岩种类较多,且不同的岩石类型具有不同的测井响应特点,有时同一类型岩石在不同区域的测井响应特征也不同。

常见的火山岩有:

(1)基性岩:玄武岩和辉长岩。

(2)中性岩:安山岩、闪长岩和英安岩。

(3)酸性岩:流纹岩、花岗岩。

相关的测井响应特征如下:

1. 电阻率测井

电阻率测井反映了岩石的矿物成分、热液蚀变、孔洞和裂缝发育程度、流体性质及含油气多少的变化。由于火山岩岩性复杂多变,当火山岩岩性的矿物成分或结构发生变化时,电阻率

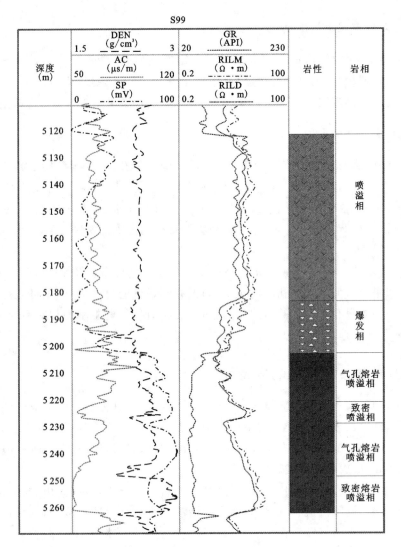

图 4-4 火山岩地层测井综合图

测井曲线也会产生变化。孔隙内的流体性质对电阻率测井影响较大,当发育的孔洞或网状裂缝被钻井液滤液充满时,电阻率测井值也会降低。此外,长石风化为高岭石、黑云母蚀变为绿泥石,也可以降低岩石的电阻率。由于地层的电阻率受到各种因素的影响,因此火山岩地层的电阻率变化范围很大,并且在火山岩从基性岩、中性岩、中酸性岩到酸性岩的变化过程中,没有特别明显的变化规律。一般致密熔岩的电阻率最高,当裂缝或气孔发育时,由于受到钻井液侵入的影响,地层的电阻率有所降低。熔结凝灰岩的电阻率普遍低于致密的熔岩;一般凝灰岩的电阻率比熔结凝灰岩的电阻率低,但块状的致密的凝灰岩的电阻率也较高。

2. 自然伽马测井

自然伽马测井反映了岩石所放射出的自然伽马射线的总强度。一般说来,从基性岩、中性岩到酸性岩,放射性矿物的含量是逐渐增加的,如岩石中钾的含量逐渐增高。

酸性岩的铀、钍含量最高，因而放射性响应最强，自然伽马测井曲线值最大。通常，基性岩放射性最低，中性岩居中，酸性岩最高。因而在常见的火山岩熔岩地层中，玄武岩放射性最低，安山岩居中，流纹岩最高。在同一岩类中，岩石的结构对放射性也有影响，玄武岩、安山岩和流纹岩从熔岩向火山碎屑岩过渡，粒度由粗逐渐变细，放射性会增加。如我国松辽盆地北部地区，玄武岩的放射性很低，一般不超过50API，安山岩则在50～80API之间变化，安山质凝灰岩在70～90API之间变化，英安岩在85～100API之间变化，流纹岩大概在100～140API之间变化，流纹质凝灰岩放射性最高，一般在140API以上变化。因此，自然伽马测井的数值变化基本上反映了火山岩的岩性变化，它在火山岩岩性识别中起重要作用。

3. 自然伽马能谱测井

自然伽马能谱测井（NGS）测量岩石中铀（U）、钍（Th）、钾（K）的含量及所产生的自然伽马射线总和等多条测井曲线，它能提供更精确的伽马射线信息，在岩性识别方面具有重要的作用。火山岩岩石的放射性钍、铀、钾元素的含量，在从基性到酸性的变化过程中是逐渐增加的，即常见的火山岩岩石中的玄武岩的钍、铀、钾含量最低，安山岩居中，流纹岩最高，不同的系列和地区火山岩存在岩性差别。

4. 中子测井

中子测井受地层岩性、流体性质影响较大，当火山岩岩性由基性、中性至酸性变化时，中子孔隙度值会逐渐降低，并随孔隙、裂隙流体的含量变化而升降。当岩石发生蚀变时，次生的绿泥石、沸石、绢云母等含有大量的结晶水和结构水，这时常表现出很高的中子孔隙度值（24%～25%），特别是在蚀变严重时，中子测井反映敏感，如蚀变的玄武岩中子孔隙度可达30%～40%及以上，明显高于未蚀变的同类岩石，因此高中子孔隙度可用于鉴别热液蚀变层的存在。

5. 密度测井

密度测井值受组成岩石的矿物成分、孔隙、裂隙、井眼尺寸和泥饼的影响。在火山岩中，随着岩性从基性、中性到酸性变化，岩石中铁、镁矿物含量减少，钙铝矿物增加，密度是逐渐减小的。在同类岩石中，火山碎屑岩的密度则低于熔岩。当然，孔隙发育的地层、裂隙发育段，由于受钻井液侵入影响，密度值明显下降，并呈锯齿状剧烈变化。同样，如果岩石中气孔发育，密度值则比较低。岩石蚀变次生的沸石充填于气孔、裂缝之中，也会造成密度值下降。

岩性密度测井除了测量地层体积密度外，还记录岩石的光电吸收截面指数Pe，Pe值与岩石孔隙度关系不大，与岩性关系较为密切，随着火山岩的岩性由基性到酸性变化，Pe值会越来越小。

6. 声波测井

声波测井是利用声波在岩层中的传播规律，在钻孔中研究岩层中声波传播速度的方法。

声波测井测量单位长度岩石声波传播所需要的时间，即声波时差（符号DT或AC，单位$\mu s/ft$或$\mu s/m$）。目前常用补偿声波测井。

声波时差测井值受组成岩石的矿物成分、岩石致密程度、结构以及岩石孔隙中流体性质的影响而表现为不同的特征。在火山岩地层中，声波时差以致密的玄武岩最低，酸性的流纹岩稍高。在同类岩石中，火山碎屑岩的声波时差高于熔岩。同样，在岩石蚀变的情况下，声波时差值也略有上升。当气孔或裂缝发育时,声波时差也会增大。

7. 自然电位测井

火山岩地层的自然电位测井呈现出硬地层的特征,不同岩性的火山岩没有表现出太大的差别。但当气孔或裂缝发育时,会出现幅度的偏移,可以用来鉴别储层的特征。

8. 元素俘获能谱测井

元素俘获能谱测井(ECS)可以准确给出地层骨架中含有而孔隙流体中不含有的各种元素的质量百分含量,去除了岩石结构、构造、孔隙及孔隙流体和裂缝发育程度等因素对测井响应特征的贡献。因此,从本质上来讲,ECS 测井响应主要是组成岩石矿物的各种元素百分含量的总体反映,如图 4-5 所示。

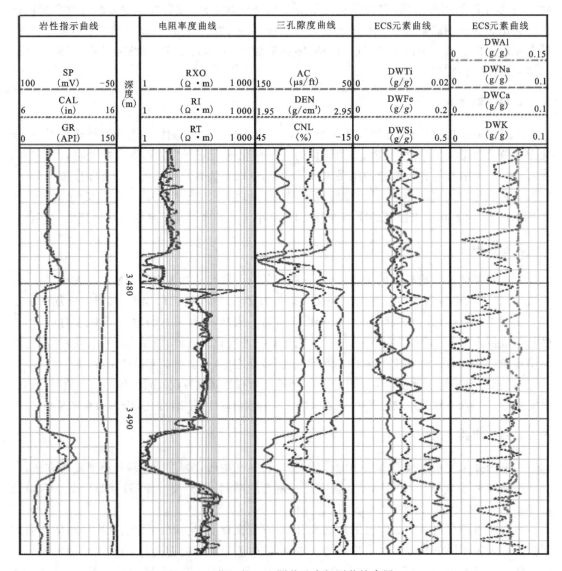

图 4-5 火山岩 ECS 测井及常规测井综合图

当火山岩岩性从基性岩、中性岩到酸性岩变化，岩石中铁、钙、钛的含量逐渐减少，而硅、钠、钾的含量逐渐增加，这种不同类型火山岩岩石元素百分含量的差异性，正是用于识别火山岩岩性的基础。

通过上面对火山岩测井响应特征的表述，相对于基性和中性火山岩，酸性火山岩常规测井曲线具有高自然伽马、高钍含量、高钾含量、低中子孔隙度、低密度等特征，ECS元素测井曲线具有高硅、高钠、高钾、低铁、低钙、低钛等特征，总结这些特征并加以分析，对火山岩储层进行岩性识别、流体性质判别非常有帮助。

四、页岩气储层的测井响应特征

页岩气是指主要以吸附或游离状态赋存于暗色泥岩、页岩的天然气。页岩气是一种特殊的非常规天然气，具有自生自储、无气水界面、大面积连续成藏、低孔、低渗等特征，一般无自然产能或低产，需要大型水力压裂和水平井技术才能进行经济开采，单井生产周期长。

页岩的矿物成分比较复杂，除伊利石、蒙脱石、高岭石等黏土矿物以外，常含有石英、方解石、长石、云母等碎屑矿物和自生矿物；矿物成分的变化影响了页岩对气体的吸附能力，页岩中的吸附态甲烷主要分布在伊利石表面，其次吸附于干酪根之中；石英、碳酸盐矿物含量增加，岩石的脆性提高，在外力作用下，易形成裂缝。

页岩气主要以游离气和吸附气的形式保存在页岩地层中，有机质含量较高的页岩地层往往自然伽马值较高，相应的吸附气含量也较高；而裂缝、孔隙发育的页岩层中以游离气为主，可利用测井曲线形态和测井曲线相对大小快速识别页岩气储集层。识别非常规天然气的常规测井方法有自然伽马测井、井径测井、声波时差测井、补偿中子测井、补偿密度测井、岩性密度测井、深浅电阻率测井等。

目前页岩气测井地层评价主要围绕着3个方面展开：①页岩气地层的岩性和储集参数评价，包括孔隙度、含气量（包括吸附气、游离气）、渗透率等参数；②页岩的生烃潜力评价，主要包括干酪根的识别与类型划分、有机质含量、热成熟度等一系列指标的定性或定量解释；③岩石力学参数和裂缝发育指标的评价。

相对普通页岩地层而言，页岩气储层的测井曲线呈现"三高两低"的特征，即高自然伽马、高电阻率、高中子孔隙度、低密度、低光电吸收截面指数。

(1) 自然伽马。页岩气层的自然伽马值显示高值，这是由于：①页岩中泥质含量高，泥质含量越高，自然伽马放射性就越高；②某些有机质中含有高放射性物质。一般性地层中，泥页岩在地层中自然伽马显示最高值（>100API）。相比之下，砂岩和煤层显示低值。总自然伽马和无铀伽马的差异幅度反映了地层中有机质含量的多少。

(2) 井径测井。砂岩显示缩径；泥页岩一般为扩径。

(3) 声波时差测井。页岩气储层声波时差值显示高值。页岩比泥岩致密，孔隙度小，声波时差介于泥岩和砂岩之间。遇到裂缝气层有周波跳跃反应，或者曲线突然增大。页岩有机质含量增加时，其声波时差增大；若声波值偏小，则反映了有机质丰度低。

(4) 补偿中子测井。页岩气储集层中子测井值为高值。中子测井值反映岩层中的含氢指数。含氢物质一般为水、石油、结晶水和含水砂岩等，页岩地层孔隙度一般小于10%。

页岩气储集层中，地层中含气使得中子测井值减小，束缚水则使中子测井值偏大；而束缚水饱和度大于含气饱和度,故认为束缚水对于中子测井值的影响较大。在页岩储集层段,有机质干酪根具有高的中子孔隙度显示。

(5)密度测井。页岩地层密度为低值,比砂岩和碳酸盐岩地层的密度测井值低,但是比煤层的密度值高出很多。随着有机质和烃类气体含量增加将会使地层密度值更低;存在裂缝也会使地层密度值降低。岩性密度测井的光电吸收截面指数 P_e 值可应用于识别页岩黏土矿物类型。

(6)电阻率测井。页岩气储层的电阻率影响因素复杂,主要是:①页岩泥质含量高,束缚水饱和度高,而这两者的电阻率都很低。②页岩气储集层低孔低渗,使得泥浆滤液侵入范围很小,侵入带影响很小,深、浅探测曲线值非常相近,这也反映了页岩气储集层的渗透率值低。③通常有机质电阻率高,干酪根的电阻率非常大,在有机质丰度高、高含气的地层中,电阻率测井值为高值。

(7)自然伽马能谱测井。包括地层总自然伽马(GR)、地层无铀伽马(KTh)及地层中铀(URAN)、钍(THOR)、钾(POTA)的含量。利用自然伽马能谱测井资料可以研究页岩气储层的地层特性、计算泥质含量、地层黏土矿物归类等。

岩石中的总自然伽马放射性随泥质含量的增加而增加,黏土矿物的放射性最高,不同的黏土矿物的铀、钍、钾的含量各不相同,尤其是 Th/K 的比值。因此,可根据 Th-K 交会图版定性识别黏土矿物,还可以利用岩芯分析得到的黏土矿物含量与自然伽马能谱测井解释的 Th、U、K 含量进行多元回归,从而获得随深度变化的高岭石、伊利石、蒙脱石和绿泥石等矿物含量。

(8)元素俘获测井(ECS)。元素俘获测井是唯一能从岩石组分角度识别地层岩性的测井方法。元素俘获测井通过探测器记录快中子与地层中元素发生非弹性碰撞产生的热中子被俘获时产生的俘获伽马射线,利用解谱分析可以得到 C、O、Si、Ca、S、Fe、Ti、Al 和 Gd 等地层元素的相对产额,通过特定的氧化物闭合模型、聚类因子分析和能谱岩性解释,可定量地得到地层的矿物含量。

其中,Si 可以作为石英的指示元素,Ca 与方解石和白云石密切相关,S 和 Ca 可以作为石膏的指示元素;Fe 与黄铁矿和菱铁矿等相关;Al 与黏土含量相关,但是 Al 又与 Si、Ca、Fe 有关,因此可以利用 Si、Ca、Fe 计算黏土含量。

如图 4-6 所示,从涪陵地区 A 井目的层综合柱状图可以看出,纵向上岩性、电性三分变化较为明显。在三分方案的基础上,结合钻井、测井、录井资料及取芯观察,将龙马溪组—五峰组 2 324~2 413m 层段共 89m 厚的产气层段进一步细分为 9 个岩性、电性小层,自上而下,测井显示自然伽马 GR、声波时差 AC、补偿中子 CNL 及铀含量 U 整体上呈递增趋势,密度值 DEN 整体上呈递减趋势;其中第 1、2、3、4、5 小层表现为高自然伽马、高铀、低密度,为页岩气储层水平井段穿行的有利层段。

五、煤层气储层的测井响应特征

煤层不仅是煤层气的源岩,也是煤层气的储集层。煤层的孔隙结构由裂隙组成,分为内生裂隙和外生裂隙,内生裂隙即割理,是煤中天然存在的裂隙,主要由煤化作用过程中的煤质结构、构造等的变化而产生,分为面割理与端割理,两组割理与层理面正交或高角度相交,把煤体分割成菱形或斜长方体的基质块。

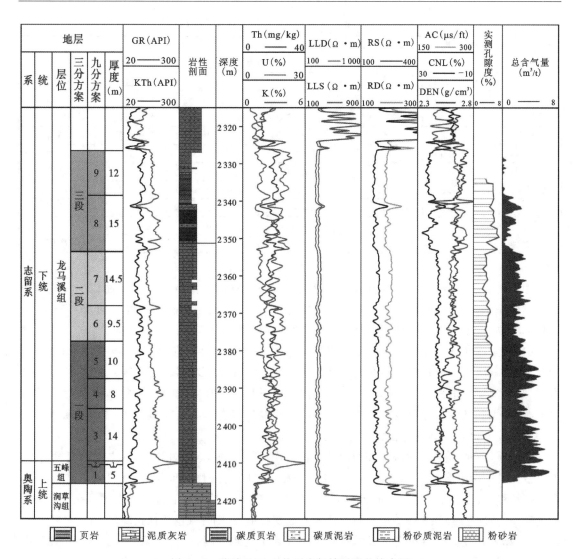

图 4-6 涪陵地区 A 井页岩气储层测井综合图

煤层的孔隙结构分为内生裂隙和外生裂隙,内生裂隙即割理,是煤中天然存在的裂隙,主要由煤化作用过程中的煤质结构、构造等的变化而产生。外生裂隙即煤体中的构造裂缝,是煤体在构造应力作用下的产物,其发育程度和煤的不同变质变形程度关系很大。

煤层气储层是由大量含微孔隙的基质和网状裂隙所组成的复杂结构体,其基质成分主要为有机质和无机矿物质,裂隙孔隙中主要为自由水和游离气、溶解气,基质孔隙中含吸附气等,煤的工业分析为实验室数据,与煤岩储层相比,不含裂隙部分的自由水和基质孔隙中的吸附气,工业分析的水分主要为基质中的吸附水和结晶水。表 4-1 列出了煤岩和常见岩石的地球物理测井响应值。

典型的煤层气储层测井响应特征,与顶、底板的围岩相比,物性差异非常明显,表现出"四低四高"的测井曲线特征,即低自然伽马、低体积密度、低自然电位(自然电位负异常)和低光电吸收截面指数、高中子孔隙度、高电阻率、高声波时差、井径增大(井眼有扩径)等特征。

表 4-1 常见煤和岩石的地球物理测井响应

岩性	补偿密度 (g/cm³)	补偿中子 (%)	声波时差 (μs/m)	光电吸收截面指数(b/e)	自然伽马 (API)	电阻率 (Ω·m)
砂岩	2.65~2.70	-2	250~380	1.81	低值	中低值
泥岩	2.20~2.65	25~75	>300	3.42	高值	低值
石灰岩	2.71	0	165~250	5.05	比砂岩低	高值
白云岩	2.83~2.89	1	155~250	3.14	比砂岩低	高值
硬石膏	2.94~3.00	-2	150~170	5.08	最低	高值
岩盐	2.03	-4	约220	4.17	最低	高值
无烟煤	1.40~1.80	38	345	0.16	—	—
烟煤	1.20~1.50	60	394	0.17	低值	中高值
褐煤	0.70~1.50	52	525	0.20	—	—
甲烷	0.05		2262	<1.2	—	高值

相关的煤层气测井方法响应规律和特征如下所述,利用这些特征在测井曲线上可进行煤层气储层识别。同一种成因、同一变质程度的煤体,因受地质构造破坏程度不同及灰分、水分含量的不同,在电性、体积密度和声波时差等地球物理特征上存在着一定差异。

(1)电阻率测井。发生变质作用前煤的孔隙主要为原生大孔隙,亲水而疏甲烷,则水分含量非常高,电阻率一般较低。随变质程度增加,煤的微孔隙增多、比表面积显著增加,亲甲烷能力增加,生气能力增强,水分降低,表现为电阻率值升高。到高变质的无烟煤阶段,原生大孔隙急剧减少,煤的亲甲烷能力显著增加,水分降低,很难形成自由电子,电阻率值在这一阶段随含气性增加而升高,可达到很高值。

高变质煤在构造作用破坏下使得煤体结构疏松,裂隙增加,含水性增强,导电网络变发达,导电离子在电场作用下更加自由地迁移,使电阻率减小,电阻率下降幅度越大,反映破坏程度越高,裂隙发育程度越高,并且电阻率的影响主要与填充的灰分、矿物质或者地下水有关。在煤岩破碎程度较高的时候往往煤岩裂隙可吸附气体的表面积会增加,则含气量往往较高,含气性良好。

(2)体积密度。构造作用下煤体破碎结构导致中孔和过渡孔的孔容增加,也影响微孔的孔容,中孔、过渡孔、微孔的增加会降低煤的体积密度,煤体破碎程度越大,体积密度越小。若裂隙充填了地下水,则体积密度值也会降低;若充填的矿物质含量增加,则会导致体积密度值增大。

(3)声波时差。声波时差反映介质的声传播速度。煤层中割理发育、裂缝发育及吸附气等影响,有机质以及煤孔隙中有流动的液体介质存在,构造作用使煤层裂隙增加,结构疏松,胶结程度差,孔隙与微裂隙发育,煤层非均质性增强,导致声波时差值增大,声波能量也容易衰减。形成的纵向声波传播速度减慢,声波时差值变高,且容易出现忽高忽低的周波跳跃现象。

(4)自然伽马。煤的自然伽马值通常较低,由于构造作用,煤体结构破坏程度越大,裂隙发育程度越高,填充的灰分、矿物质或者地下水含量的增加都可能富含较多的放射性物质,则自然伽马值会增大。

(5)井径测井。由于构造煤强度较低,煤体结构疏松,破碎程度较高,在钻井过程中容易坍塌,破碎程度越高,扩径现象越明显。煤层在构造应力场的各方向不均匀受力作用下,裂隙发育具有各向异性的特征,在主应力方向上扩径程度大。

(6)补偿中子测井。主要反映地层中的含氢指数,水分是煤岩的重要组成部分,组成煤的碳氢化合物的含氢指数和水分子几乎相同,且煤的割理结构和裂隙中含有固态烃类基质和水,且煤岩性质较脆,割理和裂缝发育,原煤地层富含地层水,以及煤岩本身有机质部分亦含氢元素,因此,含氢指数在煤层中的响应值总体显示特别高。随变质程度的增加,含氢指数会降低。若煤体结构破坏程度越高,裂隙越发育,则容易被水填充,中子孔隙度值则会有一定程度的增加。

在煤层气储层测井中,煤基质密度低,因此体积密度对煤岩当中的密度相对较高的矿物杂质含量非常敏感;由于黏土灰分对放射性物质有吸附作用,而纯煤(固定碳)不含放射性物质,自然伽马主要取决于灰分含量;氢元素作为最大的减速剂表明补偿中子可以反映水分含量;不同煤阶的工业组分不同,利用电阻率值可以反映煤阶;参照威利时间平均公式,声波时差的大小也与工业组分有很大关系。煤层气储层由大量含微孔隙的基质和网状裂隙所组成的复杂结构体,基质成分主要为有机质和无机矿物质,裂隙孔隙中主要为自由水和游离气、溶解气,基质孔隙中含吸附气等,煤组分中的水分主要为基质中的吸附水和结晶水。因此,根据测井响应机理,分析其与煤岩工业组分之间的关系,从而可以选择合适的测井数据进行多元回归分析,得到研究区的煤岩工业组分测井计算模型,如图4-7所示。

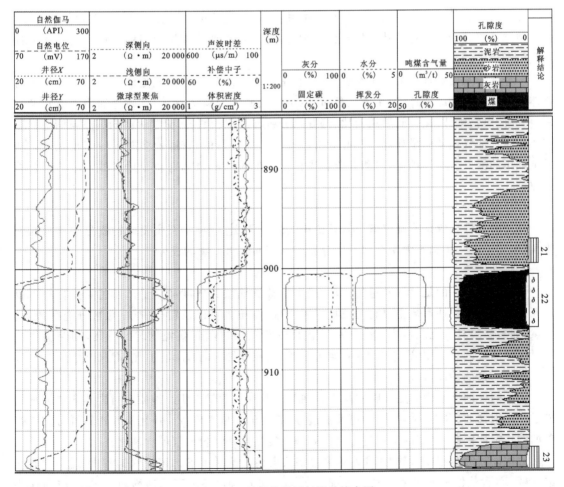

图4-7 某井的煤层气测井综合图

煤层气储层组分分析:对于某煤田的煤层气储层组分分析主要为含碳量、灰分、挥发分、水分等的成分计算,根据研究区部分层位煤层取芯测试的结果,进行相关的测井数据分析和回归计算,建立4种成分的计算模型。

固定碳:$F_c = 106.297 - 0.04 \times GR - 45.77 \times DEN - 0.078 \times CNL$

灰分:$V_a = -105.807 + 0.096 \times GR + 82.179 \times DEN + 0.068 \times CNL$

挥发分:$V_o = 90.757 - 0.01 \times GR - 39.257 \times DEN + 0.055 \times CNL$

水分:$V_w = 1 - F_c - V_a - V_o$

式中,GR为自然伽马测井;DEN为补偿密度测井;CNL为补偿中子测井。

含气量计算模型:地层含气导致密度参数变化,也对声波能量产生显著的衰减作用。多元统计回归法的基本思想是运用多元应用统计分析的方法建立煤层实测含气量与密度、声波时差、补偿中子、自然伽马、深探测电阻率等测井参数间的统计模型,实现煤层含气量的预测评价。

六、储集层评价要点

储集层评价是测井资料进行地层评价的基本任务,包括单井储层评价与多井评价。

单井储层评价就是在钻孔地层剖面中划分储层层段,评价储层层段的岩性、物性、含油性及油气产能等特征和参数。

多井评价是油藏描述的基本组成部分,它是着眼于对一个油田或地区的油气藏区块进行整体的多井解释和综合评价,主要任务包括:全区块测井资料的标准化、建立油田参数转换关系、单井储层精细评价、井间地层对比、测井相分析与沉积相研究、储层纵横向展布与储层参数空间分布及油气地质储量计算。单井储层评价是多井评价的基础,而多井评价则是在全区块或全油田的测井资料基础上,对测井资料进行全局的统一解释和对整个地区油气藏的综合地质评价。

1)岩性评价

储层的岩性评价是指确定储层岩石所属的岩石类别,计算岩石主要矿物成分的含量和泥质含量,还可进一步确定泥质在岩石中分布的形式和黏土矿物的成分。

2)物性评价

储层物性反映的是储层质量的好坏,决定了油气储层的丰度和储量。通过测井资料可以计算得到的储层物性参数主要有:孔隙度、渗透率、泥质含量以及粒度中值、颗粒分选系数等。显然,如果储层具有孔隙度高、渗透率大、泥质含量低、粒度粗、颗粒均匀的特征,则储层物性好;反之,储层的孔隙度低、渗透率小、泥质含量高、粒度细、颗粒不均匀,则储层物性差。

3)储层含油性评价

储层的含油性是指储层孔隙中是否含油气以及油气含量大小。地质上对岩芯含油级别的描述分为饱含油、含油、微含油、油斑及油迹等,其含油性依次降低。应用测井资料可对储层的含油性作定性判断,更多的是通过定量计算饱和度参数来评价储层的含油性。

通常计算的饱和度参数有:含水饱和度S_w、束缚水饱和度S_{wi}、可动水饱和度S_{wm}、含油气饱和度S_h(含油饱和度S_o和含气饱和度S_g)、残余油饱和度S_{or}、可动油饱和度S_{mos},应用这些参数可以评价储层的含油性。

当油、气、水多相流体并存时,储集层产出流体的性质将服从多相流体渗流理论所描述的动态规律,取决于储集层内油、气、水各相的相对渗透率大小,即取决于油、气、水在地层孔隙中的相对流动能力。

在油、水两相流动的情况下,有 $S_w + S_o = 1$,图 4-8 所示为储层的相对渗透率与含水饱和度的关系图。

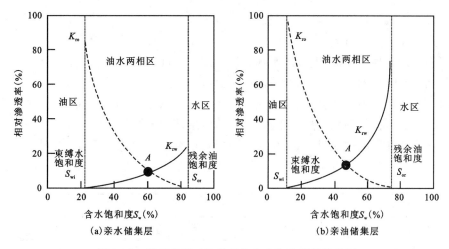

图 4-8 储层的相对渗透率与含水饱和度的关系图

当储层的含水饱和度 S_w 很高,即含油饱和度 S_o 很低时,油的相对渗透率 K_{ro} 接近于零,无可动油,这时储层里的油为残余油,其饱和度称为残余油饱和度 S_{or},则 $S_o \approx S_{or}$,表示储层为水层。

油层是只含束缚水的储集层,含水饱和度 S_w = 束缚水饱和度 S_{wi},油的相对渗透率 K_{ro} 很高,而水的相对渗透率 K_{rw} 接近于零,无可动水,地层只产油而不出水。

当 $S_w > S_{wi}$,有可动水,且 $0 < K_{ro} < 1, 0 < K_{rw} < 1$,地层既产油,又出水,故属油水同层。

由图 4-8 还可以看出,岩石的润湿性对储层的相对渗透率、束缚水饱和度和残余油饱和度的大小有相当大的影响。岩石的润湿性是指岩石颗粒表面被液体附着的能力。一般认为天然气对岩石是非润湿性的,而油和水对岩石都有一定的润湿性,但大部分岩石总是被首先存在的液体润湿的。相对而言,容易被水附着的岩石称为亲水储集层,而容易被油附着的岩石称为亲油储集层。

在亲水储集层中,束缚水饱和度较高,大多是 $S_{wi} > 20\%$,油和水相对渗透率相等点 A 有较高含水饱和度($S_w > 50\%$),而残余油饱和度较低。

亲油储集层与此相反,一般 $S_{wi} < 15\%$,相对渗透率相等点 A 含水饱和度($S_w < 50\%$),而残余油饱和度较高。

通常不含油的地层是亲水的,而含油层可以是亲水的和亲油的,由于长期被油饱和,原来亲水的地层也可能变成亲油的。

4)产能评价

产能评价是在定性分析与定量计算的基础上,对储集层产出流体的性质和产量做出综合性的解释结论。常用的主要解释结论如下:

油层:产油量符合本地区工业油流标准,而含水量小于总液量的20%。

气层:产气量符合本地区工业气量标准,而含水量小于20%。

油水同层:产油量大于本地区工业油流标准,油水同出,含水量占总液量的20%~80%,或处于油水过渡带,上部含油,下部含水的层位。

气水同层:处于气水过渡带,产气量达到本地区工业含气量标准,含水量占20%~80%。

含油水层:产液量达到本地区工业油流标准,含水大于80%,或见油花。

含气水层:产液量达到本地区工业气量标准,含水大于80%。

水层:产水量占总液量的80%以上。

差油层:储层物性差的油(气)层,常规试油产油(气)量在工业标准以下。

干层:储层物性差的油(气)层,产量极低,无生产能力

由图4-8可以看出:油气层是含水饱和度接近于束缚水饱和度的储集层;水层是不含油或仅含残余油的储集层;油水同层介于两者之间;干层是孔隙性和渗透性都很差的地层。

图4-9为某井的测井成果图,图中12号层以气层为主,上部为干层;13号层为水层。对于12号层:由于含气,使得电阻率值相对较高,声波时差AC值偏高,且变化程度较大,为周波

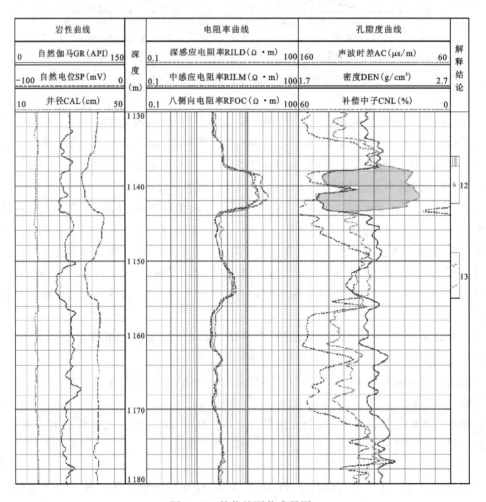

图4-9 某井的测井成果图

跳跃特性。天然气的低密度使得密度测井值偏低,约 $1.9g/cm^3$ 左右;天然气的挖掘效应明显,使补偿中子值偏低,约 15% 左右。密度测井和中子测井曲线重叠后,形成的差异程度(图中阴影区域)与含气性相关,也是直观显示地层含气性的方法。

第二节 成像测井的主要应用

无论是井壁电阻率扫描成像还是井周超声波扫描成像,都是某种物理量(如电阻率、声波幅度、声波传播时间等)沿井壁或井周的二维分布图像,因此都是间接地反映地层的非均质性。成像测井的基本原理是把由岩性、物性变化以及裂缝、孔洞、层理等引起的岩石电阻率或声阻抗的变化转化为伪色度,从而使人们直观而清晰地看到地层的岩性及几何界面的变化。由此,可以用来识别岩性、层面、层理、砾石、透镜体、结核、较大的化石、较大的孔洞、裂缝、断层、不整合及井眼垮塌等,以便于进行地层解释、薄层分析、沉积相分析等,包括如下几种。

地质构造分析:如计算构造倾角、识别断层。

沉积特征分析:如计算沉积倾角、古水流方面、沉积体和沉积面的描述、薄层识别。

岩石结构分析:如颗粒大小轮廓、碳酸盐岩的结构、次生孔隙度的计算、裂缝的识别计算;对取芯和地层测试的辅助分析,如取芯深度匹配和方位确定、非取芯层段的描述及深度匹配。

地质力学分析:如钻井诱导特征分析、地应力分析、泥浆比重优选等。

一、电阻率成像

地层中不同的岩石(泥岩、砂岩、石灰岩)、流体,其电阻率是不一样的,通过测量井壁各点的电阻率值,然后把电阻率值的相对高低用灰度(黑白图)或色度(彩色图)来表示,那么,井壁就可以表示为一张黑白图像或彩色图像,成像图用多级色度(或灰度)表示地层电阻率的相对变化,一般图像的颜色越浅、越亮表示电阻率值越大;反之,图像的颜色越深、越暗表示电阻率值越小。

电阻率图像的成果一般以静态加强和动态加强两种方式同时显示。

静态加强:窗长为整个处理井段,即在整个处理井段或目的层段作一次频率统计,按色标占相等频数的原则进行色标标定。这样,既能保持井段内电阻率的整体变化特征一致,也能在一定程度上反映电阻率的细微变化。此方法适合用于地层电阻率的宏观变化,易于进行地层对比。

动态加强:当测量地层电阻率值变化范围很大时,为了使小的电阻率反差能在图像中清楚地显示出来,采用动态加强,即在一小段深度内,根据用户的要求,对滑动窗口[通常小于 3 英尺(1 英尺=0.304 8m)]做一次静态色标标定,更详细地凸显出电阻率的局部变化特征。

二、超声波成像

超声波成像测井以脉冲回波的方式,对整个井壁圆周进行扫描,通过测量井壁岩石(套管)对超声波的反射情况(回波的幅度和传播时间)来获得井壁或套管壁的图像。其物理基础是:不同声阻抗的物质,以及井壁表面的粗糙程度差异,对声波的反射能力不同。

记录结果为回波幅度图像和回波传播时间图像,也是用多级色度(或灰度)表示地层电阻率的相对变化,声阻抗越小,反射波幅度越小,或反射波传播时间越长,图像的辉度越暗;反之,声阻抗越大,反射波幅度越大,或反射波传播时间越短,图像的辉度明亮。

三、成像测井解释的思路

(1)成像测井必须在地层时代、岩性序列、基本储层特征确定的前提下,以岩芯取样为第一参照标准,首先针对岩芯和成像测井图兼有良好反映的典型层段,进行岩芯刻度解释。

(2)在岩芯资料上确定各种主要裂缝特征及其区别于其他的特征,然后在相应的成像测井图像上区分出裂缝,并在裂缝中鉴别出天然裂缝和人工诱导缝;再利用成像测井资料进行层面或裂缝的构造倾角和沉积倾角计算。

(3)对各类裂缝分别用图像与岩芯资料建立解释图版(分地区、分层系)和半定量或定量的解释参数,针对不同地区和地层层系用各种测井方法结合起来综合评价裂缝的有效性,即它对储层和产量有无贡献和贡献程度。

四、成像测井的裂缝倾角计算

裂缝是岩石结构中应力释放所产生的结果,它是岩石发生破裂的直接产物,一般发育于有利构造部位的脆性地层中。裂缝面通常与层面、层理面相交成一定的角度,当井筒穿过倾斜裂缝时,裂缝与井壁的交线为一个椭圆,将井壁成像图像沿着正北方向顺时针展开,这个椭圆交线在展开的平面图上表现为一个正弦波或三角函数波形,如图4-10所示,在图像上计算倾角时,只要确定出波形曲线的高度差 H(一条三角函数波形上的极大值与极小值之间的高度差)与该深度点的井径值 d,就可以按式(4-1)计算视倾角。

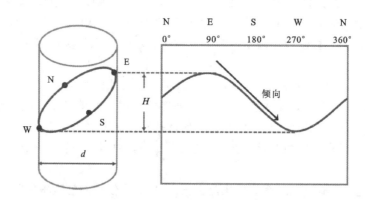

图4-10 成像测井计算倾角示意图

另外,通过观察波形曲线,可以确定极大值点指向极小值点的方向为裂缝倾向,极小值点的方位指示裂缝的倾斜方位。

各类地质现象(地层、断层面、裂缝)与井眼相交的轨迹都可以以三角函数波形的方式展现在平面图像上,准确地拟合出这些波形曲线,就可以类似地计算出这些地质现象的倾角、倾向和方位。

$$\alpha = \arctan \frac{H}{d} \tag{4-1}$$

通过计算出裂缝的角度、倾向和方位,就可以划分裂缝类型,裂缝的分类如表 4-2 所示。其中的裂缝类型说明如下(角度是指缝与水平面的夹角)。

表 4-2 裂缝综合分类

裂缝	诱导缝	钻具诱导缝	
		泥浆与地应力压裂缝	
		应力释放缝	
	天然裂缝	高阻(高密度)缝	高角度缝($\alpha>75°$)
			斜交缝($30°<\alpha<75°$)
		低阻(低密度)缝	低角度缝($5°<\alpha<30°$)
			水平裂缝($\alpha<5°$)
			网状裂缝

1. 诱导缝

诱导缝是在地应力作用下产生的裂缝,因此只与地应力有密切的关系,故排列整齐、规律性强,通常平行于井轴,轨迹垂直穿过层面,走向与最大水平主应力方向一致。

诱导缝的径向延伸都不大,发育较短,呈小"八"字形,终止于软地层界面,不穿过井眼,不形成正弦曲线;无岩性错位,无充填现象。诱导裂缝的缝面形状较规则且缝宽变化很小,故电阻率变化不很明显。

2. 天然裂缝

天然裂缝常为多期构造运动形成,因常遭受溶蚀和褶皱的作用,裂缝开度不稳定,因而分布极不规则,变化大;天然开启缝一般能绕开砾石。裂缝面总体不太规则,径向延伸较长,且缝宽有较大的变化,对电阻率有较大影响。

3. 钻井压裂缝

钻井压裂缝能够直接切穿不同的岩石,且在砾石层中可以直接切穿砾石(取决于胶结物及胶结特性);开度较稳定,缝面较平直。

4. 应力释放缝

应力释放缝是由于地层被钻开,随着应力释放而产生的细微裂隙,其特征是一组接近平行的高角度裂缝(羽状缝)。应力释放缝一般产生于现今地应力相对集中的致密岩层段,受地应力大小及方向控制,指示水平最大主应力方向。

图 4-11 为裂缝、诱导缝在超声波成像、电阻率成像图上的显示。

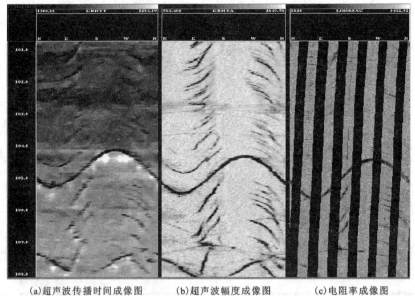

(a)超声波传播时间成像图　(b)超声波幅度成像图　(c)电阻率成像图

图 4-11　裂缝、诱导缝在超声波成像、电阻率成像图上的显示

五、地应力特征

地应力为地下某深度处岩石受到的周围岩体对它的挤压力。一般在深度 H 处岩体所受到的地应力可用 3 个主地应力来表示，如图 4-12 所示，在直角坐标下，垂向主应力为 σ_v，相互垂直的两个水平主应力为 $\sigma_{h_{\max}}$、$\sigma_{h_{\min}}$，大多数情况下 3 个主地应力值是不相等的。

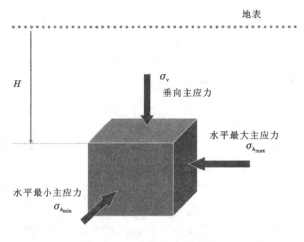

图 4-12　主地应力示意图

1. 诱导缝、应力释放缝主应力特征

沿水平最大主应力方向,地层的受压程度将高于沿水平最小主应力方向,因此,在理论上,沿水平最大主应力方向,岩石的受压程度最高,声波在该方向地层中传播的速度也应最大。但在钻井过程中,若钻井液密度较低,井筒内岩石被钻井液替代形成井眼的同时,井周岩石又将会出现不同程度的应力释放现象。

与沿水平最小主应力方向的地层相比,沿水平最大主应力方向的地层将产生更大的应力释放和变形恢复(或扩容现象)。在硬地层中,可能会在水平最大主应力方向的井壁地层出现明显的微裂缝,如诱导缝、应力释放缝等;岩石内部出现的这些微裂缝,将对不同方向地层的声波传播速度产生显著影响,甚至使井壁地层最小波速出现在最大水平主应力方向,井壁地层最大波速则出现在最小水平主应力方向。

2. 井壁崩落或井眼垮塌主应力特征

图 4-13 为井壁崩落或井眼垮塌声波成像测井图。通过钻井形成井眼后,井周应力分布不平衡所引起的张性破裂和剪切垮塌一般呈对称分布。当钻井液液柱压力低于地层的坍塌压力,钻井液液柱压力不足以支撑井壁时,沿着水平最小主应力方向的井壁将产生应力垮塌或应力崩落,因为在最小水平主应力方向有最大的剪切应力,当它超过岩石的抗剪强度时,就发生应力崩落,这种井壁崩落或井眼垮塌的方向指示最小水平主应力的方向。

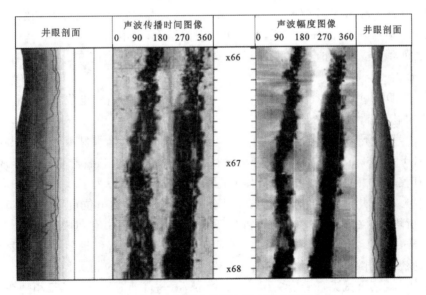

图 4-13 井壁崩落或井眼垮塌声波成像测井图

因水平主应力的不平衡性造成井壁在水平最小主应力方向上剪切掉块或井壁崩落,从而形成对称性椭圆形井眼。椭圆长轴方向指示水平最小主应力方向,在双井径曲线上表现为一条井径大于钻头直径,一条井径近似等于钻头直径。研究地应力可以通过在钻井以后所获得的测井资料中准确地识别出井周地层发生的应力垮塌或钻井液压裂井段及方位。

第五章 储层的典型实例分析

储集层类型存在复杂性、多样性以及特殊性等,基于地球物理测井的理论基础,结合测井资料的综合解释方法和技术,针对不同地质特点,本章主要围绕碎屑岩(砂泥岩)储层、碳酸盐岩储层、火山岩储层、页岩气储层及煤层气储层等油气层类型,选取了国内部分相关的典型实例资料进行评价分析。

第一节 常规储层的典型实例分析

一、碎屑岩储层典型实例分析

图 5-1 为 DK3 井盒 3 段测井综合曲线图。砂岩储层自然伽马 40~80API,其幅度变化反映了粒度的变化。物性好的井段密度测井值在 2.45g/cm³ 左右,声波时差在 70.1~84.7μs/ft (230~278μs/m)之间,中子孔隙度为 4%~9%。核磁共振测井 T_2 谱显示孔隙结构复杂,分选性差,呈双峰和多峰分布,谱分布较宽,具有多重孔隙结构,以中—大孔为主。电阻率在 200~400Ω·m 之间,深、浅双侧向呈正差异或无差异,具低侵特征。两套砂岩储层合试日产气 $2.588×10^4 m^3$。

图 5-2 为 DK3 井盒 3、盒 1 段储层流体分析成果图。图中自然电位负异常和核磁共振测井可动流体均显示有两段渗透层,在 2 657~2 687m 和 2 750~2 768m 砂岩段中,自然电位出现明显负异常,最大异常幅度在 30mV 左右,核磁共振测井解释结果显示两段储层存在可动流体,其中 2 750~2 768m 段与 2 657~2 687m 段相比,可动流体多,自然电位负异常幅度比较大,两者具有较好的相关性,且与可动流体分析结果相吻合。

图 5-3 为 D13 井山 2 段储层流体流动性分析图。图中自然电位负异常和核磁共振测井可动流体分析均显示在 2 698~2 707m 和 2 727~2 732m 砂层中有两段渗透层,自然电位出现明显负异常,最大异常幅度在 40mV 左右,而核磁共振测井解释结果显示山 2 段储层存在可动流体,可动流体孔隙度分别达到 10% 和 7%,两者具有较好的相关性,2 702~2 707m 和 2 722~2 732m 两层合试无阻流量 $7.025\ 8×10^4 m^3/d$,与可动流体分析结果相吻合。

图 5-4 为 D52 井盒 3 段储层测井综合解释图。储层岩性以岩屑砂岩、岩屑石英砂岩为主,储层物性差,孔隙结构复杂。孔隙度一般为 1.5%~21.4%,平均为 6.58%;渗透率在 $0.01×10^{-3}~1.3×10^{-3} μm^2$ 之间,平均为 $0.63×10^{-3} μm^2$。

测井特征为:自然伽马测井值低;自然电位负异常;深、浅侧向电阻率为中高值,呈微正差异或无差异;声波时差大,密度、中子孔隙度数值低。气层的产能与测井特征关系密切,一般自然伽马越低、电阻率越高、声波时差越大,含气性越好,产能越高,反之产能越低。

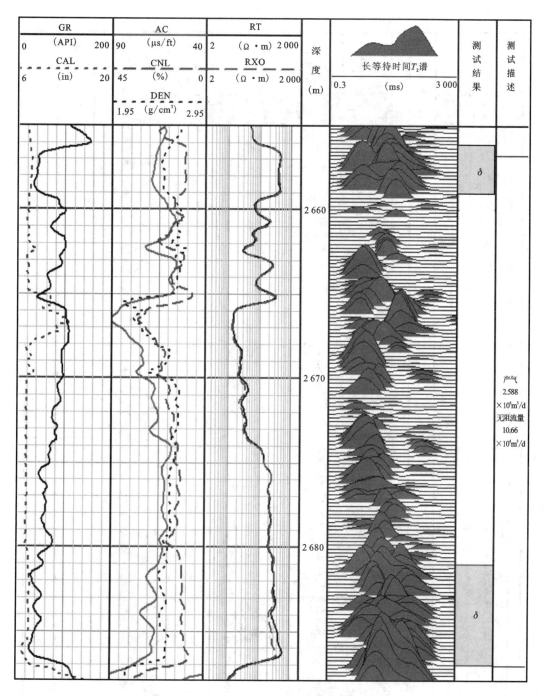

图 5-1　DK3 井盒 3 段测井综合曲线图

图 5-5 为 D13 井山 2 段测井曲线图。砂层段自然伽马约 40API，密度测井值为 2.4g/cm³，声波时差 70.1~80μs/ft(230~262μs/m)之间，中子孔隙度为 13%~18%。核磁共振测井 T_2 谱显示呈单峰分布，分选性好，具多重孔隙结构，以中孔为主，电阻率在 30~60Ω·m 之间，对该砂层段测试，两段共日产气 $2.252×10^4 m^3$。该层组在研究区域多口井获工业气流。

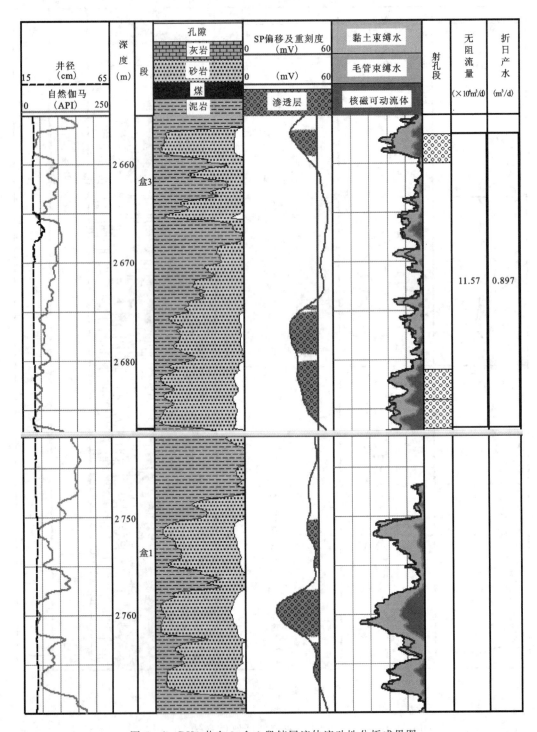

图 5-2　DK3 井盒 3、盒 1 段储层流体流动性分析成果图

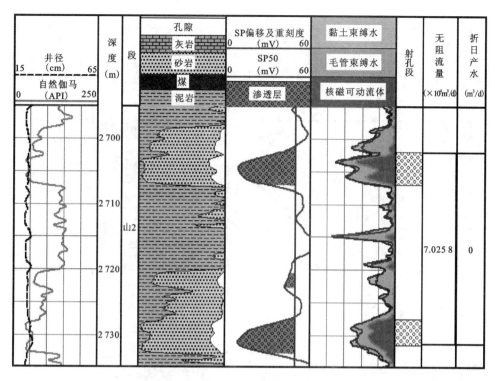

图 5-3　D13 井山 2 段储层流体流动性分析

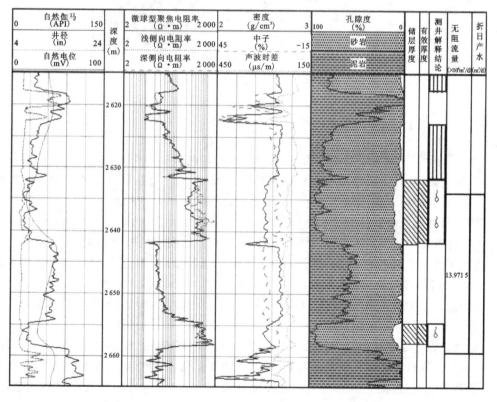

图 5-4　D52 井盒 3 段测井综合解释图

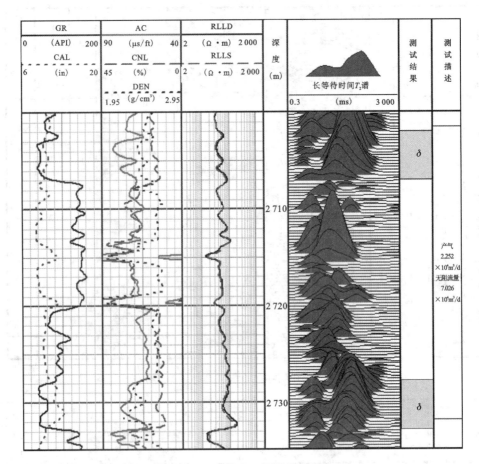

图 5-5　D13 井山 2 段测井曲线图

图 5-6 为 SS100 井测井综合解释图。该井段储层岩性较细，一般为粉砂岩。岩芯分析孔隙度平均值为 18.04%，渗透率平均值为 $13.3\times10^{-3}\mu m^2$；胶结物以泥质为主，泥质含量平均值为 5.2%，黏土矿物成分以高岭石为主；孔喉半径平均值为 $1.426\mu m$；从扫描电镜分析，石英普遍自生加大，自生黏土矿物及铁方解石充填于孔喉中，致使储层物性变差。地层水矿化度高，高电阻率油层与低电阻率油层并存，致使油层电阻率下限难以确定。

图中 1 号和 3 号层段，自然电位负异常幅度值小于 2 号水层；阵列感应电阻率为 $1.8\sim2.2\Omega\cdot m$，阵列感应曲线基本无侵入特征，电阻率绝对值与泥岩的电阻率值接近，与 2 号水层相比，电阻率增大率约为 $2\sim3$ 倍，视含油饱和度 $41.1\%\sim52.3\%$。结合其他资料综合解释为油层。完井射开 1 号、3 号层，日产油 8.56t，日产气 $2\,450m^3$，综合含水率为 12%，原油密度为 $0.905\,9g/cm^3$，黏度为 $82mPa\cdot s$，总矿化度为 $186\,294mg/L$，水型 $CaCl_2$。试油结论为油层（含水）。

该地区的低电阻率油层成因是：①岩石的细粒成分增多或黏土矿物等杂基胶结成分富集，成岩作用增强，导致产层微孔隙含量明显地增加，形成微孔隙和渗流孔隙并存，并以微孔隙系统为主的特殊孔隙结构特点，大量的微孔隙导致束缚水含量高，形成该区油层的低电阻率。②地层水矿化度高。

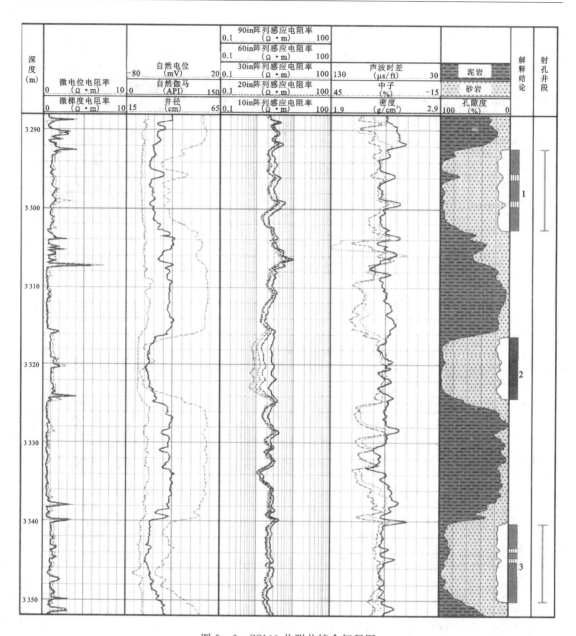

图 5-6　SS100 井测井综合解释图

二、碳酸盐岩储层典型实例分析

图 5-7 为 ZG21 井测井综合解释图。3 915～3 932m 井段钻井取芯及录井资料描述为灰色油斑、荧光白云岩及灰质白云岩,钻井过程中槽面显示见油花 5%、气泡 10%。主要储层在 A 层段（2 号、3 号层），厚度为 26m。计算的地层孔隙度为 10%～15%,井眼扩径,双侧向电阻率受裂缝与溶蚀孔洞非均质性的影响,电阻率大幅度降低到 50～100Ω·m,深、浅侧向电阻率差异幅度大,反映溶蚀孔洞非常发育并伴有裂缝,评价为Ⅰ、Ⅱ类储层。

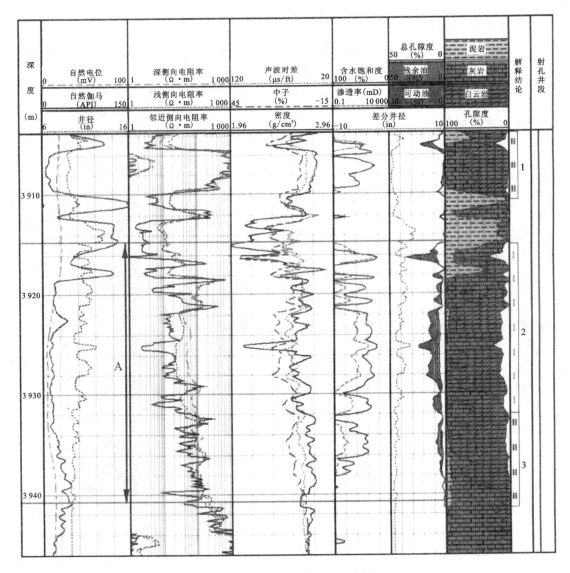

图 5-7 ZG21 井测井综合解释图

经试油测试,日产油 2 700t,日产气 $21.9 \times 10^4 m^3$,不含水,试油结论为油气层。分析认为 2 号层电性、含油性、物性最好,评价为Ⅰ类储层,为主要产出层。

图 5-8 为 C571 井寒武系凤山组 A 井段地层测井综合解释图。岩性为白云岩,常规测井响应为自然伽马数值低、双侧向正差异明显、三孔隙度曲线均表现地层物性较好,计算孔隙度为 11%;另外,微电极曲线正差异明显,表现为均质渗透性储层。但电阻率数值高达 200～2 000Ω·m,与通常在高阻碳酸盐岩地层中寻找低阻层段作为渗透性储层的解释认识不一致,使得该段测井孔隙度曲线的可靠性和储层的有效性存在疑问。

经过加测 FMI 成像测井,测井图像上显示暗色斑块发育,呈连续状,说明储层溶蚀孔隙非常发育,同时也伴有裂缝,储层类型为裂缝-溶孔型。因而认为该地层段高阻是由于储层孔隙发育,均质性好,类似于均质砂岩储层特征,为油气信号反映,是典型的大孔隙度高电阻率碳酸

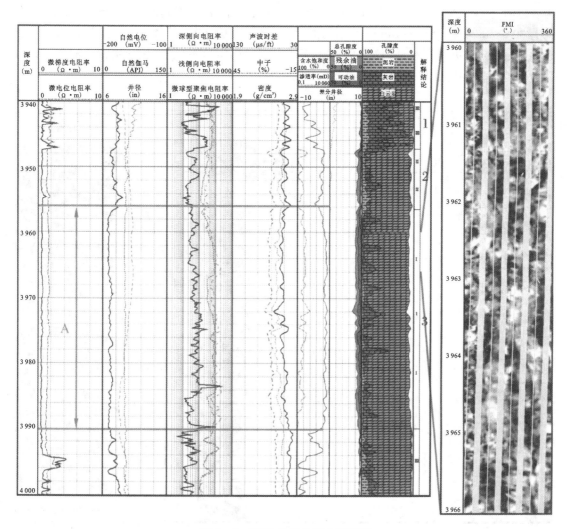

图 5-8 C571 井测井综合解释图

盐岩储层,最终测井解释为Ⅰ类层。

通过对该井试油,日产油 252t,日产气 $1.448 \times 10^4 \mathrm{m}^3$,不含水,试油结论为油层。分析认为 3 号层为试油井段内物性最好储层,对试油结果的贡献最大。

(1) 成像测井证实了 C571 井 A 段白云岩地层为物性好、含油饱和度高的裂缝-溶孔型高阻碳酸盐岩储层。

(2) 说明物性好、电阻率高的碳酸盐岩储层,也是一种好品质油层,在测井解释中应根据地区特点进行认真分析。

图 5-9 为 ZH10 井测井综合解释图。图中顶部 A 段地层岩性为灰岩、白云岩及灰质白云岩。测井响应特征为:自然伽马低值,显示为层状储层,有少量泥质夹层;中子测井、密度、声波三孔隙度曲线反映储层物性较好,交会法计算孔隙度为 5%~13%;双侧向电阻率侵入特征为小幅低侵或无侵,数值变化较大,上部为 100Ω·m 左右,下部只有 38Ω·m,说明储层物性较好,CBIL 图像显示溶蚀孔洞发育伴有裂缝,但难以评价含油性;钻井取芯及录井资料描述该段

为灰色油斑、荧光灰岩、白云岩及灰质白云岩,岩芯显示缝洞发育,裂缝密度为30~50条/m,溶洞约为30个/m,直径为5~10mm。综合分析认为:该层段是以次生孔隙为主,物性好、含油丰度高的储层。对该井进行测试,日产油252t,日产气$7×10^4 m^3$,不含水,试油结论为油层。分析认为2号、3号层物性最好,为主要产出层。

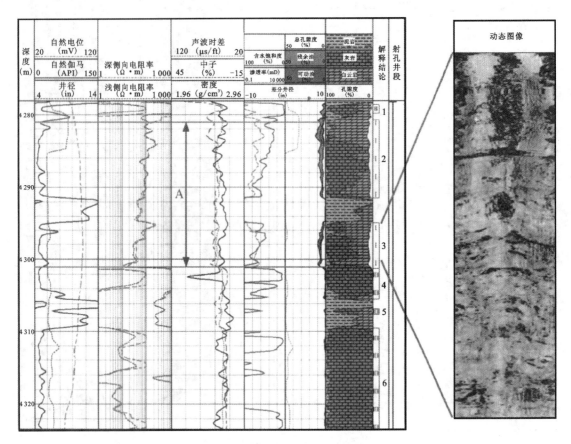

图 5-9 ZH10井测井综合解释图

图5-10为BS6井测井综合解释图。采用ECLIPS-5700成像测井系统进行测井,主要包括双侧向电阻率、声波时差、中子孔隙度、岩性密度、自然电位、自然伽马、井径、地层微电阻率扫描成像(STAR)等。主要岩性为灰岩、灰质白云岩,图中1号层段中子孔隙度、密度交会计算孔隙度为5%~15%,孔隙发育,裂缝不发育,为典型的孔隙型储层;3号层段自然伽马数值低,岩性纯,深侧向电阻率数值较低,一般在30~100Ω·m之间,其深、浅侧向电阻率差异明显;地层微电阻率扫描成像图中显示裂缝及溶蚀孔洞发育,平均孔隙度为5.6%,孔隙、裂缝均较发育,且孔隙、裂缝匹配关系较好;4号、5号层段计算孔隙度为4.9%左右,深侧向电阻率数值一般在200~1 000Ω·m之间,孔隙、裂缝发育程度不及3号层。综合各类信息将1号、3号层解释为Ⅰ类储层,4号、5号层解释为Ⅱ类储层。经试油,日产油251t,日产气43 734m³。

通过对BS6井测井综合分析来看:孔隙与裂缝、溶蚀孔(洞)相互匹配程度是决定碳酸盐岩储层储、渗性能优劣和产能大小的主要因素,裂缝、溶蚀孔隙的大小往往具有主导作用。长期以来以总孔隙度的大小作为裂缝性储层测井评价的主要依据，带来了储层评价中的片面性。随着认识和技术上的进步，在裂缝性储层测井评价中，在分析总孔隙度大小的同时，应充分考虑原生孔隙度与次生孔隙的配比关系，分析裂缝的发育程度。对于裂缝性储层，裂缝是形成储层和影响储层质量的主导因素，没有裂缝就没有溶蚀，没有溶蚀就没有理想的有效储集空间与泄流通道，就不能高产稳产。孔隙度大，供液能力大；裂缝发育，泄流能力强。

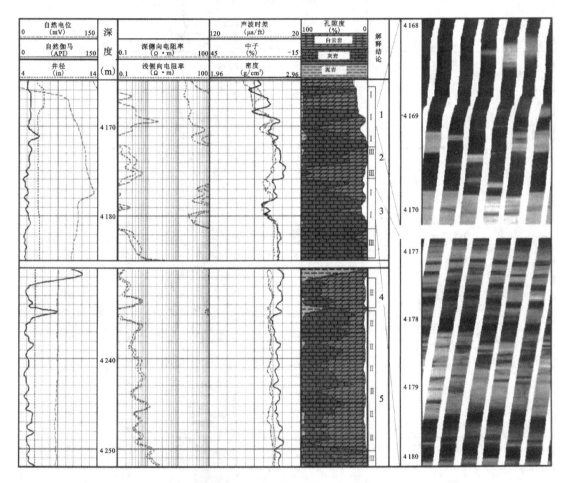

图 5-10　BS6 井测井综合解释图

第二节　特殊储层的典型实例分析

一、火山岩储层典型实例分析

图 5-11 为 X17 井测井综合解释图，系三塘湖盆地火山岩地层，从图中可以看出，1 515～1 543m 井段岩性主要为火山角砾岩和玄武岩，孔隙空间为裂缝孔隙型。

储层自然伽马值在 30～50API，密度测井值在 2.35～2.55g/cm³ 之间，声波时差在 205～

310μs/m 之间，中子孔隙度为 30% 左右。电阻率在 30～200Ω·m 之间，深、浅双侧向呈正差异或无差异，具低侵特征。

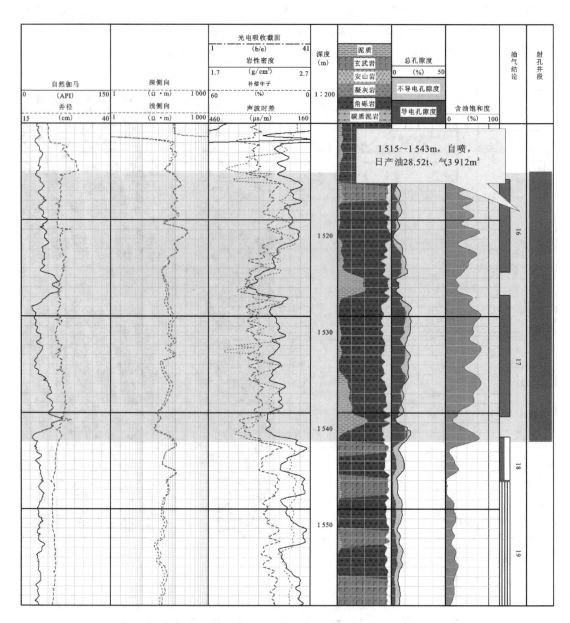

图 5-11 X17 井测井综合解释图

火山岩饱和度评价是个难题。一方面是由于火山岩地层岩性非常复杂，且各种岩性之间过渡很快，各种岩性的电阻率差异很大；另一方面火山岩地层孔隙结构复杂，造成同一种岩性的地层电阻率也存在很大的差异。因此，用电阻率方法进行含油气性的评价具有很大难度。消除背景导电饱和度模型引入了背景电阻率的参数，在消除背景导电影响的情况下进行含油气性的评价，为火山岩的饱和度评价提供了有效途径。在实际应用中，模型中的不导电水饱度是关键参数,同时也是应用的难点。通过岩芯实验的方法可以确定同种岩性均质地层的不导电水饱和度,但是对具有复杂孔隙结构的火山岩地层,同一岩性的火山岩地层不导电水饱和度受孔隙结构的影响较大。

在岩石基质孔隙度一定时,裂缝越发育,岩石的导电能力越强,孔隙结构指数越低;裂缝孔隙度增大对孔隙结构指数的影响程度随基质孔隙度的减小而增大,基质孔隙较大时,只有当孔隙比例系数增大到一定程度时,裂缝孔隙的增大才会比较明显地影响孔隙结构指数。

二、页岩气储层典型实例分析

图 5-12 为几种典型岩性的常规测井响应图。岩性分别为泥灰岩、白云质灰岩、页岩、富含有机质页岩、泥岩、砂岩等。

碳酸盐岩:低自然伽马、低中子孔隙度、高密度、高光电吸收截面指数、高电阻率。

普通页岩:高自然伽马、中等电阻率、高光电吸收截面指数、高密度、高中子孔隙度;表现为密度-中子孔隙度差异程度较大。

富含有机质页岩:极高的自然伽马、高电阻率、低密度、低光电吸收截面指数、中等中子孔隙度、密度-中子在曲线图上差异小;表现为密度-中子孔隙度差异程度较小。

泥岩:低电阻率、高自然伽马、高光电吸收截面指数、高中子孔隙度,密度-中子孔隙度在曲线图上有一定的差异。

砂岩:自然伽马介于碳酸盐岩和泥岩之间、低光电吸收截面指数、中等电阻率、密度-中子孔隙度在曲线图上差异小。

图 5-13 中,S1 井上段测井电阻率为 $6\sim10\Omega \cdot m$,而页岩气层段测井电阻率为 $20\sim40\Omega \cdot m$,解释成果表明:上段非页岩气储层 TOC 含量低,含气量低,比下段的页岩气储层段的黏土含量高一倍左右,这是导致上段页岩储层低阻的主要原因之一。

与常规的砂岩储层具有明显的差异,海相页岩地层具有以下测井特征:在水基泥浆钻井情况下井径一般出现扩径现象,在高含有机质井段自然伽马异常高值,无铀伽马低值,双侧向中、低值,并随粉砂质、灰质含量增高,电阻率增大,负差异不明显或呈正差异;补偿声波时差高值、补偿中子降低、补偿密度低值,低光电截面指数,在高含有机质井段光电截面指数和补偿密度明显低异常。

测井资料可以定性识别页岩气储层:异常高的放射性元素 U 测井值,对应为有机质含量高层段,具有良好的生烃能力且吸附气含量高;游离气含量在裂缝和孔隙发育段高;高声波、低密度、高电阻率的页岩层段含气饱和度高于普通的页岩。

黄铁矿常被认为是低阻油气层的重要原因之一,在海相页岩气地层中黄铁矿含量高。黄铁矿一般在页岩中呈分散状或沿着页岩层理面分布,分散的黄铁矿对低频的双侧向的影响较少,而对高频的感应测井影响较大,沿着层理面的黄铁矿会导致页岩电阻率呈尖刺状降低。

图 5-14 中,S2 井岩芯描述为岩芯柱面多见黄铁矿斑块零星分布,缝、洞不发育,含气实验无显示。该层段与其他井的黄铁矿含量相比,平均含量要高近一倍,平均质量分数为 7% 左右。图中岩芯分析的黄铁矿含量与阵列侧向的电阻率测井值的高低相关性并不大,因此分析认为高黄铁矿含量并不是 S2 井储层段的极低电阻率形成的根本原因。

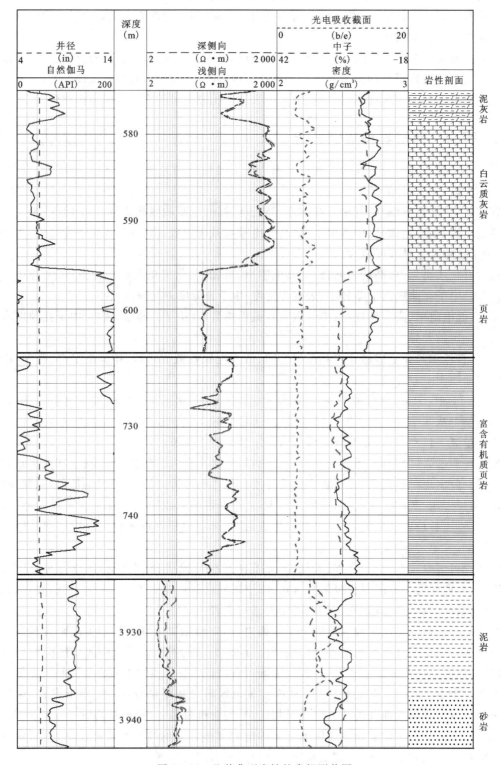

图 5-12 几种典型岩性的常规测井图

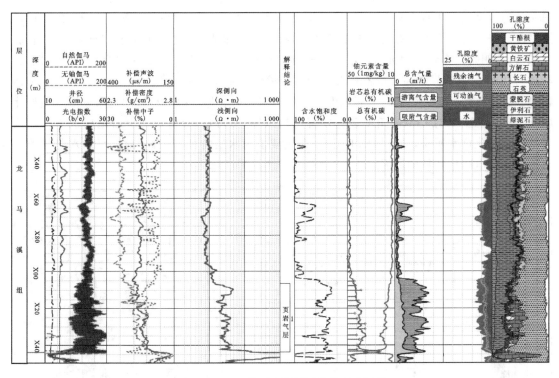

图 5-13 S1 井页岩储层测井处理成果图

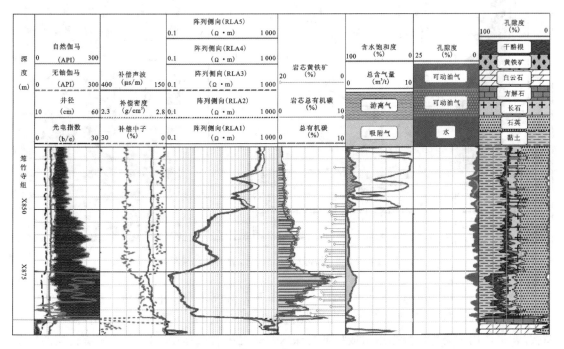

图 5-14 S2 井页岩储层测井处理成果图

页岩气储层由于黏土含量高、岩石颗粒细、孔喉结构复杂、半径小、有效孔隙不发育,因此通常认为致密页岩中自由水含量低,以黏土束缚水为主。图5-14中,电阻率特别低的那段地层密度的降低与页岩的总有机质含量正相关,补偿声波和补偿中子测井值也明显降低,三孔隙度低值,表明是一个致密的页岩储层。本段黄铁矿的含量与有机质含量不具良好的相关性,也与放射性U元素的异常高含量不具有明显的相关性。由于含U元素的矿物易溶解于水和运移,反映地层含一定的水;同时分析图5-15中下伏白云岩地层(灯影组)的电阻率测井值变化剧烈,最小达到150Ω·m,高角度裂缝发育,结合岩芯见岩霜,分析认为页岩地层被下伏白云岩地层高矿化度水所淹,导致特低电阻率,在区域上为水层特征。因此,地层可动水是导致页岩地层呈低电阻率特征的原因之一。

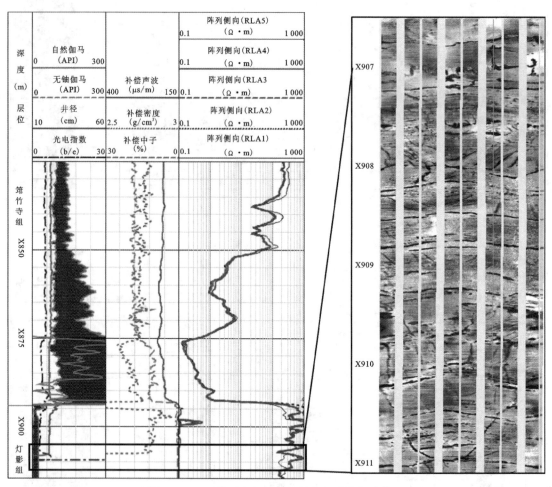

图 5-15　S2 井页岩段下伏地层常规测井与成像图

焦石坝页岩气开发层位为上奥陶统五峰组和下志留统龙马溪组,埋藏深度在 2 100m 以下,岩性主要为黑色页岩,夹灰色灰岩和深灰色砂质泥岩。在龙马溪组沉积早期,由于大规模海侵、构造作用和局部沉降作用造成局部为深水盆地沉积,在底部沉积了大量富有机质的黑色页岩,是志留系含气系统的主要烃源岩。五峰组主要存在于深海和浅海环境沉积,五峰组下部主要岩性为黑色页岩,上部为夹有泥灰岩、砂质和粉砂质的黑色页岩。五峰组上部地层有机质丰度低于下部页岩层段,但从岩性和孔隙结构上更有利于富集气体。

图 5-16 为 JY1 井测井综合图。采用的基本测井系列为自然伽马、自然电位、双侧向、补偿声波、补偿中子、岩性密度、自然伽马能谱、井径、井斜、井温等测井方法。目的层段为龙马溪组—五峰组页岩,并表现出高自然伽马、高电阻率、高中子、低密度、低光电吸收截面指数的特征。根据地球化学实验结果,随着深度的加大,有机碳含量呈逐渐升高趋势,而且自然电位负异常越明显,自然伽马和去铀伽马的差异即铀含量也越大。

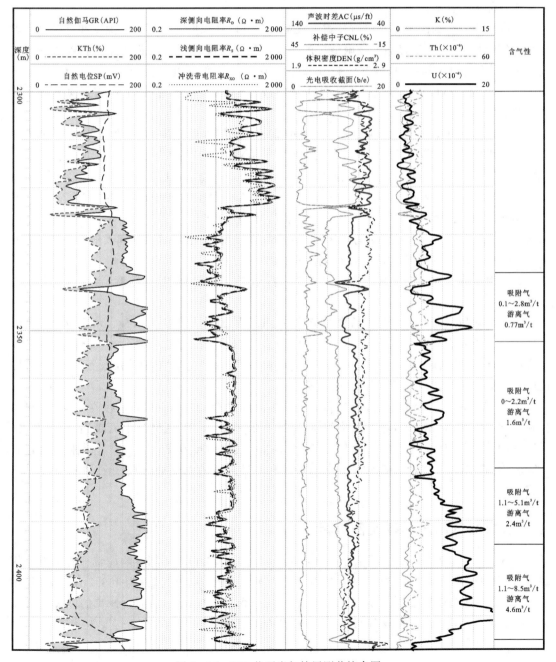

图 5-16　JY1 井页岩气储层测井综合图

分析发现，龙马溪组地层自上而下有机碳含量呈逐渐增加趋势，特别是进入 2 377.5m 以后，其 TOC 较上部地层明显增高，通过实验分析总有机碳含量区间在 0.55%～5.89% 之间，平均约为 2.11%，这说明，龙马溪组的底部为富含有机质的页岩。

岩芯 X 衍射分析实验表明，本区的矿物组分主要有黏土、石英、钾长石、斜长石、方解石、白云石、黄铁矿等，黏土以伊利石和伊蒙混层为主，其次为绿泥石，不含蒙皂石。将钾长石、斜长石合并为长石；考虑到方解石含量较白云石含量较少，两者合并考虑，记为白云石；黄铁矿与赤铁矿统称为黄铁矿。

在有机质含量高的地方有机质孔隙度甚至大于基质孔隙度。地层中孔隙度和有机质孔隙越大，将有利于页岩地层存储和吸附更多的天然气。龙马溪组页岩岩芯孔隙度和渗透率的实验结果为孔隙度平均 4.5%，渗透率平均 $22.0×10^{-3}\mu m^2$。测得孔隙度为 2.49%～7.08%，平均 3.92%。富有机质页岩样品分析孔隙度为 2.78%～7.08%，平均 4.64%；普通页岩样品分析孔隙度为 2.49%～6.67%，平均 3.37%。

根据有效孔隙度可计算得到游离气含气量，根据干酪根体积可以求出吸附气含气量，两者相加可以得到页岩地层总含气量。根据含气量的特征可将富含有机质的页岩层段划分为 4 段：第 1 段 2 338.0～2 352.5m，吸附气含量为 0.14～2.83m^3/t，游离气含量为 0.77m^3/t；第 2 段 2 352.5～2 379.0m，吸附气含量为 0～2.27m^3/t，游离气含量为 1.63m^3/t；第 3 段 2 379.0～2 395.0m，吸附气含量为 1.13～5.10m^3/t，游离气含量为 2.46m^3/t；第 4 段 2 395.0～2 415.0m，吸附气含量为 1.13～8.5m^3/t，游离气含量为 4.63m^3/t。总体上看，游离气和吸附气含量自上而下是逐渐增大的，其中游离气含量大于吸附气含量。

页岩地质甜点的主要要素一般包括总有机碳含量、干酪根体积、孔隙度、含气量或含气饱和度等。

页岩工程甜点的要素主要包括脆性指数、孔隙压力、最小水平应力与最大水平应力比值以及现今应力场大小分布，其中脆性指数是决定页岩地层能否压开的重要参数，脆性指数高，地层容易压开；脆性指数低，地层不容易压开，或者压裂成本高。富含有机质层段石英、长石等脆性矿物含量明显较高，对于后期的压裂改造有利。

图 5-17 中，917～923m 井段，计算的干酪根含量在 5% 左右，含气饱和度在 95%～98%，吸附气含量在 0.56m^3/t 左右，总含气量 1.98～2.26m^3/t，地层组分中石英占 40% 左右。945～970m 井段，计算的干酪根含量在 5% 左右，含气饱和度在 85%～95%，吸附气含量在 0.56m^3/t 左右，总含气量 1.7～2.26m^3/t，最大含气量达到 2.83m^3/t，地层组分中石英占 40% 左右。

三、煤层气储层典型实例分析

图 5-18 中，Z14 井第 14 号层是山西组的 3$^\#$ 煤层，厚 6.0m，从测井响应特征看为典型煤层，深侧向电阻率为 1 976.9Ω·m，自然伽马值为 41.0API，声波时差值为 403.2μs/m，补偿中子 38.5%，体积密度值为 1.34g/cm^3，计算的灰分含量较低，为 6.91%，计算的吨煤含气量为 24.15m^3/t，本层煤质好，含气量高，综合解释为煤层气层。

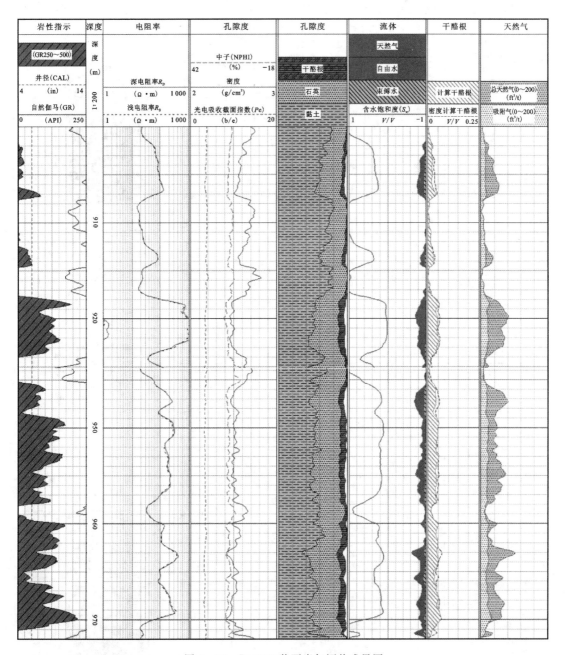

图 5-17 R12583 井页岩气评价成果图

图 5-19 中,Z14 井太原组共解释煤层 2 层。厚度分别为 3.55m、0.75m,从测井曲线分析煤层特征非常明显,深侧向电阻率分别为 348.7Ω·m、73.1Ω·m,声波时差值分别为 417.0μs/m、251.9μs/m,补偿中子分别为 52.5%、42.9%,体积密度值分别为 1.32g/cm³、1.54g/cm³,自然伽马值分别为 29.3API、122.2API,计算的灰分含量分别为 6.36%、13.36%,吨煤含气量为 24.29m³/t、18.04m³/t,22 号层煤质较好,含气量较高,综合解释为煤层气层,23 号层煤质稍差,综合解释为含煤层气层。

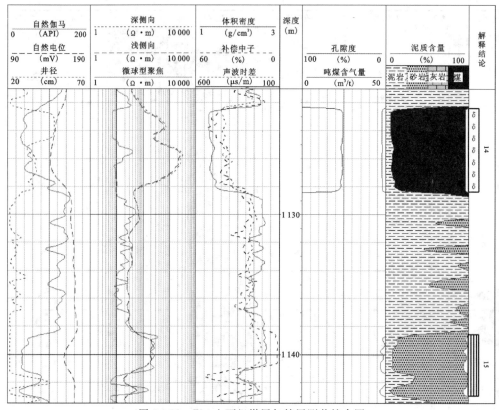

图5-18 Z14山西组煤层气储层测井综合图

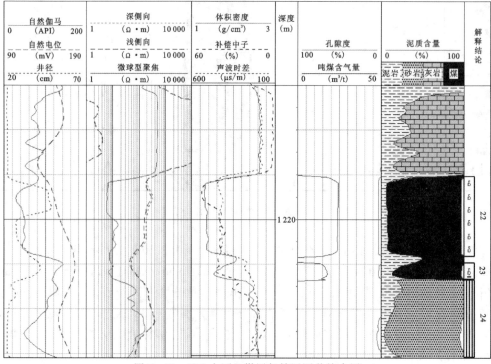

图5-19 Z14太原组煤层气储层测井综合图

图 5-20 中，Z49 的 21 号层是山西组的 3#煤层，厚 5.80m，从测井响应特征看为典型煤层，井眼扩径严重，深侧向电阻率为 566.3Ω·m，自然伽马值为 25.3API，声波时差值为 464.4μs/m，补偿中子为 45.7%，体积密度值为 1.13g/cm³，计算的灰分含量较低，为 4.00%，计算的吨煤含气量为 24.87m³/t，本层煤质好，含气量高，综合解释为煤层气层。

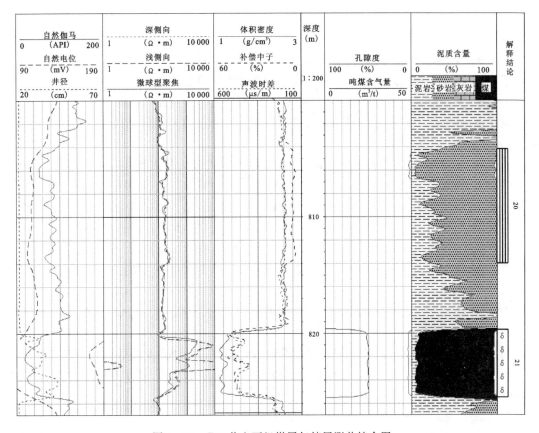

图 5-20　Z49 井山西组煤层气储层测井综合图

主要参考文献

蔡希源. 现代测井技术应用典型实例[M]. 北京:中国石化出版社,2009.

丁次乾. 矿场地球物理测井[M]. 东营:中国石油大学出版社,2002.

洪有密. 测井原理与综合解释[M]. 东营:中国石油大学出版社,1998.

匡立春,孙中春,毛志强,等. 核磁共振测井技术在准噶尔盆地油气勘探开发中的应用[M]. 北京:石油工业出版社,2015.

刘建敏,王慧萍. 测井资料综合解释[M]. 东营:中国石油大学出版社,2013.

潘和平,马火林,蔡柏林,等. 地球物理测井与井中物探[M]. 北京:科学出版社,2009.

司马立强,疏壮志. 碳酸盐岩储层测井评价方法及应用[M]. 北京:石油工业出版社,2009.

孙宝佃,周灿灿,赵建武,等. 油气层测井识别与评价[M]. 北京:石油工业出版社,2014.

谭茂金. 油气藏核磁共振测井理论与应用[M]. 北京:科学出版社,2017.

王才志,傅海成,李伟忠,等. CIFLog 石油测井新一代软件平台[M]. 北京:石油工业出版社,2014.

王树寅,李晓光,石强,等. 复杂储层测井评价原理和方法[M]. 北京:石油工业出版社,2006.

魏斌,王绿水,傅永强. 页岩气测井评价综述[M]. 北京:石油工业出版社,2014.

闫伟林,李红娟,杨学峰,等. 松辽盆地北部火山岩气藏测井评价技术及应用[M]. 北京:科学出版社,2015.

杨斌. 油气地球物理测井原理[M]. 北京:科学出版社,2017.

杨小兵,张树东,张志刚,等. 低阻页岩气储层的测井解释评价[J]. 成都理工大学学报(自然科学版),2015,42(6):692-699.

雍世和,张超谟. 测井数据处理与综合解释[M]. 东营:中国石油大学出版社,2002.

章海宁,张超谟. 适用复杂孔隙结构地层消除背景导电饱和度模型[J]. 测井技术,2011,35(1):41-44.

赵军龙. 测井资料处理与解释[M]. 北京:石油工业出版社,2012.

赵永刚,常文会,冉利民. 大牛地气田低孔低渗碎屑岩储层测井评价[M]. 武汉:中国地质大学出版社,2010.

周文,邓虎成,谢润成. 碳酸盐岩油气测井地质[M]. 北京:科学出版社,2015.

邹长春,谭茂金,尉中良,等. 地球物理测井教程[M]. 北京:地质出版社,2010.

Schlumberger. Log interpretation principles / applications[M]. Houston: Schlumberger Educational Services,1989.